漢字中的中華服飾與紡織文化圖景

闫光宇 著

CNS PUBLISHING & MEDIA | 湖南人民出版社

图书在版编目（CIP）数据
字里藏衣 / 闫光宇著. -- 长沙 ：湖南人民出版社，2025. 2
ISBN 978-7-5561-3715-2
Ⅰ. TS941.12-092
中国国家版本馆CIP数据核字第202405ZD51号

字里藏衣
ZI LI CANG YI

著　　者：闫光宇
责任编辑：田　野
产品经理：杨蕙萌
责任校对：张命乔
装帧设计：异一设计

出版发行：湖南人民出版社有限责任公司［http://www.hnppp.com］
地　　址：长沙市营盘东路3号　　邮　　编：410005　　电　　话：0731-82683313

印　　刷：长沙超峰印刷有限公司
版　　次：2025年2月第1版　　印　　次：2025年2月第1次印刷
开　　本：880 mm × 1230 mm　1/32　　印　　张：10.5
字　　数：265千字
书　　号：ISBN 978-7-5561-3715-2
定　　价：68.00元

营销电话：0731-82221529（如发现印装质量问题请与出版社调换）

序

之所以会写这本书，主要是缘于两件事：

第一件事，是在2016年，我因参与香港青少年思想状况调研而与文字学结缘。调研发现，香港青少年思想状况现实与其语言文字使用状态息息相关。一方面，英语英文作为其法定语言文字，植根于日常生活、学习和工作中，对其思想状态产生了深刻且广泛的影响；另一方面，香港在普遍使用粤语的同时，广泛使用所谓的香港“粤语字”。这种香港“粤语字”以广东话为音，以汉字字符为音符，以香港特殊的人文环境创造的独有词汇为基础，广泛出现在报纸、杂志、电视和互联网上，不会广东话，不了解香港本地人文生态，就不可能看得懂。其与英语英文一道，产生了巨大的“地方化”和“离心力”作用。经此一事，我深感语言，特别是文字在构筑人民群众精神世界过程中发挥的基础性作用，因此开始有步骤、有计划和有目标地学习汉字的起源、演变过程。

第二件事，也是在2016年，我因从事新媒体和网络舆论工作而与汉服运动结缘，发现我们的青年已经创造出“现代汉服”，并渐成潮流。因此，我做了长达一年、足迹遍及全国的调查研究。调研结果与预想的一致，这是一件令人欣喜的事情，既是时代先进、国力提升的必然结果，也充分彰显了当代青年的文化自信。但同时也发现，在这项自下而上的、广泛流行的青年群众运动中，也有令人担忧的声音和行为出现。因此，在有关领导的关心和推动下，有了“中国华服日”活动，也因此，我与汉服和汉服爱好者产生了更多的交集。数年后在一次交流畅快、情绪热烈的座谈会上，我给热爱汉服的小伙伴们讲了一些关于汉字与纺织、服装之间关系的小知识，小伙伴们听得有些入迷，于是建议我做一个关于这方面内容的策展报告，以期将来能够做一个展览，让更多的人看到，我觉得很有意义，于是开始付诸实践。但世事难料，之后的疫情终结了展览，却也让这本《字里藏衣》应运而生。

因此，对于这本《字里藏衣》，大家大可把她当成一份策展报告，或是一本读书笔记，由我带着大家一起，去通过考古的发现、文字的构形和后世学者的理解，了解我们的祖先筚路蓝缕、披荆斩棘，用自己的双手点燃文明星火、创造美好生活的英雄历史。特别是，当我们了解了“衣”“裘”“丝”“帛”“素”“专”“系”“断”“冠”“甲”“袍”“带”“克服”“求索”“朴素”“成绩”“专业”“传说”“头绪”“道统”“总结”“终结”“级别”“练习”“纯熟”“衣裳”“络绎不绝”“统一战线”等这样一些我们现在常常使用的字词，其实都来源于祖先发明的纺织工作和服装生产实践时，自然能体悟到什么叫“脚踏实地”与“仰望星空”的结合，进而体味那一份中华文明独有的质朴刚健、与天奋斗的精神气质。

也因此，为了增加可读性、感染力等，我做了一些权衡和调整，需要说明：

一是尽可能地删除了正文中大部分的引用标注，只保留必须说明的部分，同时把所有的引用、参考文献全部附在正文之后。之所以如此操作，一方面是迫于无奈，因为对于汉字本义、演变和相关关系的理解，学者多有不同观点，如做详细的备注，太过繁杂；另一方面，这样操作虽然的确牺牲了“学术感”，但极大地增加了可读性。当然，对于一些大家的冲突较大的观点的备注，还是必要的，应当给读者说明。

具体案例如在讲到“索”字时，由于其古文字形含表示丝线的“玄”，因此涉及“糸”“玄”“丝”之间的关系，但要想讲清楚三者之间的关系，需要海量文字与注释进行说明。因此，为了不偏离主题，便于阅读，我直接在正文中对三者进行同源认定，简要说明其关系，并在注释中备注郭沫若先生、林义光先生等相关学者的观点，而不进行详细的出处标明与论述摘录。

二是在讲解具体汉字时，将古文和今文分开。其中：古文部分的字形做到按时代、按载体标明出处；今文部分则不再照顾时代，而是按照隶书、楷书、行书、草书进行排列。同时，为了增加生动性、便于青少年临摹学习，没有使用电子字体，而是找历史上的知名碑帖、书家真迹进行展示，以期使读者在严谨学习的同时，体会到中国文字之美。

具体案例如“衣”字，这是古文部分：

衣　甲骨 商 合集 1948、合集 35428

衣　金文 西周 吴方彝盖、多友鼎

衣　简帛 战国 上博楚竹书一·缁衣 9

衣　小篆 说文

这是今文部分：

衣　隶书 唐 叶慧明碑

衣　楷书 唐 颜真卿

衣　行书 北宋 米芾

衣　草书 明 王宠

最后，真诚感谢湖南人民出版社对本书的精心编审；感谢青橙图说团队金慧子、李桐、王富彬对本书的图解说明；感谢张梦玥、杨娜、汪家文在汉服部分的资料支持；感谢魏建峰、何文静的封面题字；感谢王茜霖、吕晓玮、孙异、赵品君的图片支持；等等。这本书有太多小伙伴给予了支持和帮助，在此一并表示感谢。

总之，希望这本书成为一个窗口，让不了解的增进了解，让热爱的更加热爱。

闫光宇

2023 年 8 月 12 日

目 录

一 服饰——人类伟大的发明之一

二 衣裘开化

三
索麻成绩

专纺为线

五
绎茧为丝

六

玄化万千

经纬网织

八

素帛染色

裁制衣冠

一

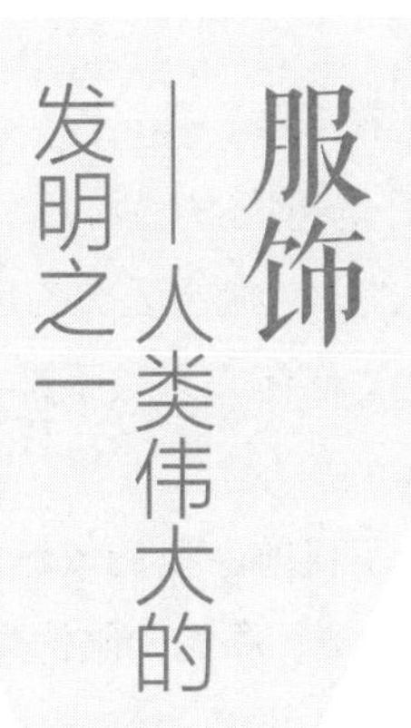

服饰——人类伟大的发明之一

广义上讲，服饰是衣、裙、鞋、帽、巾、带、饰、包等各类衣物饰品和文身、化妆、发型等的统称。

服饰不是天生就有的，它源于人类的创造。

正如恩格斯所说：“任何一只猿手都不曾制造哪怕是一把最粗笨的石刀。”①

服饰也是如此。及至目前，我们依然没有发现除人类之外的动物制作出一件粗糙、简单、原始的服饰穿（披、戴）在身上。

所以有人说，服饰是人类的“第二性征”，是人类文明的重要标志之一。

同时，人类也不是天生就会制作服饰。它是人类在改造自然

图 1.1

①《马克思恩格斯选集》，人民出版社 2012 年版，第三卷第 989 页。

的过程中，生产力发展到一定阶段的产物。

按照进化论和分子人类学的相关观点，古人类在大约 100 万年前就失去了人体的披毛。

图 1.2　人猿相“衣”别

而考古学家们通过对剥兽皮用的工具进行测年后推测，人类穿上兽皮衣服的时间最长不过 30 万—40 万年。若是从 800 万—500 万年前的南方古猿算起，人类的祖先及人类在早期进化的绝大部分时间里，赤身裸体了数百万年。

自百万年前褪去披毛，到发明服饰并进行穿戴，中间依然间隔了数十万年。

所以，在漫长的人类进化史中，我们的祖先先后经历过“裸体”和“穿起衣物”两个阶段，其中“裸体”又包括“有披毛”“褪去皮毛”和“无毛裸体”三个阶段。

（一）褪去披毛

现代人类并不是真正的无体毛，依然有头发、胡须、汗毛等。相较猿类，我们只是在约 100 万年前褪去了全身披毛（头发等除外）。

人类之所以在进化过程中“褪去披毛”，学界有多种猜测，如“性择说”“水生说”“衣着说”“狩猎说”“用火说”“群

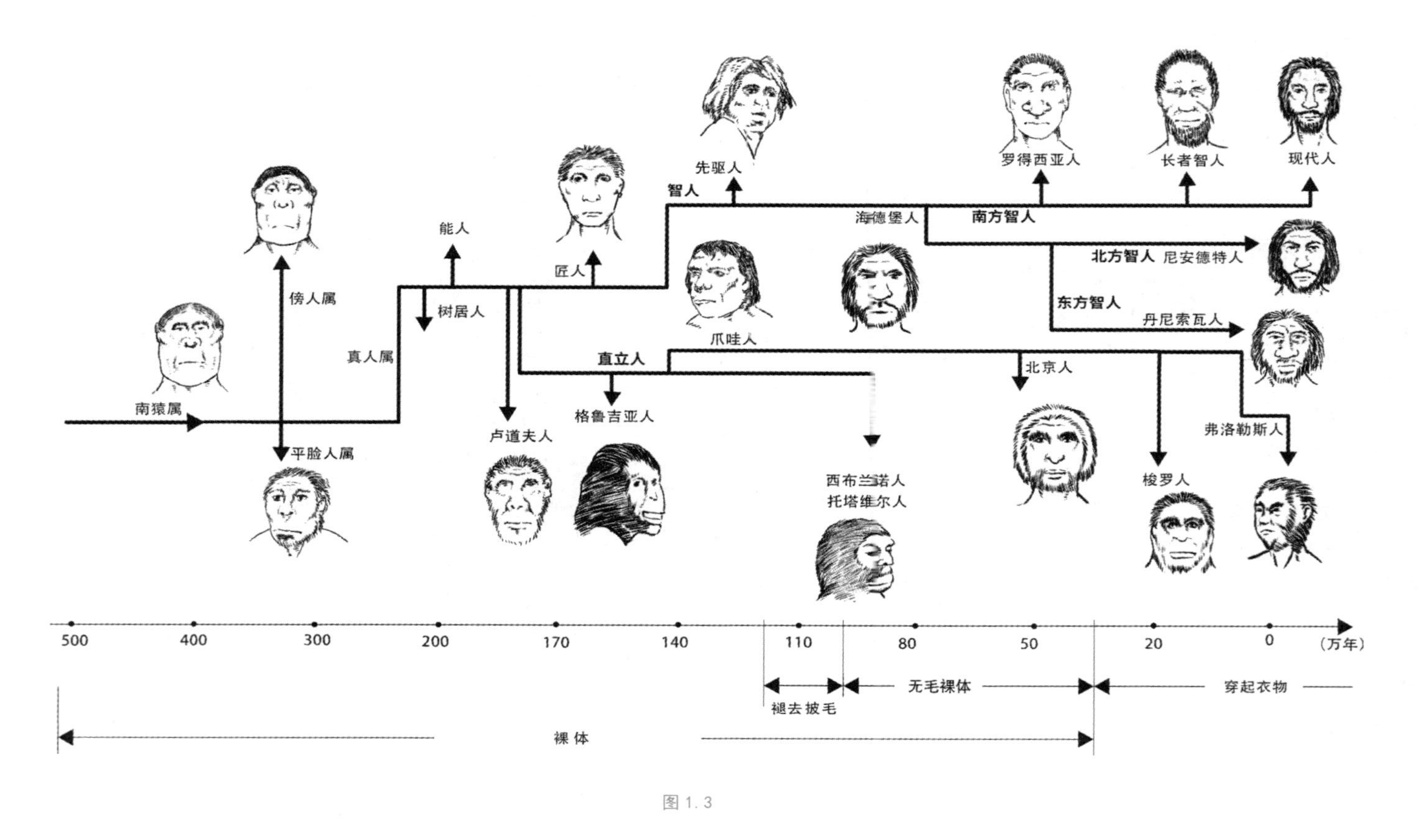
先驱人
罗得西亚人
长者智人
现代人
智人
海德堡人
南方智人
能人
匠人
北方智人
尼安德特人
傍人属
树居人
东方智人
丹尼索瓦人
爪哇人
真人属
直立人
北京人
南猿属
格鲁吉亚人
卢道夫人
弗洛勒斯人
平脸人属
西布兰诺人
托塔维尔人
梭罗人
500
400
300
200
170
140
110
80
50
20
0
（万年）
无毛裸体
穿起衣物
褪去披毛
裸体

图 1.3

居说”等。①

目前看来，相对令人信服的观点是“狩猎和直立行走影响的结果”，该观点认为：古人类在相当长的时间内，日常生活是以高强度、高运动量的狩猎劳动为主体的。为避免高强度、高运动量狩猎劳动导致的体温过热，于是逐步褪去全身披毛（头发等除外）、不断壮大汗腺以降温；同时，又因保温需求而不断强化皮下脂肪，持续进化出了这样一种既可以调节降温又可以进行保温的超越其他动物的体温调节功能，用恒定的体温保证了高强度、高运动量狩猎劳动的运行和人类脑部的不断进化。

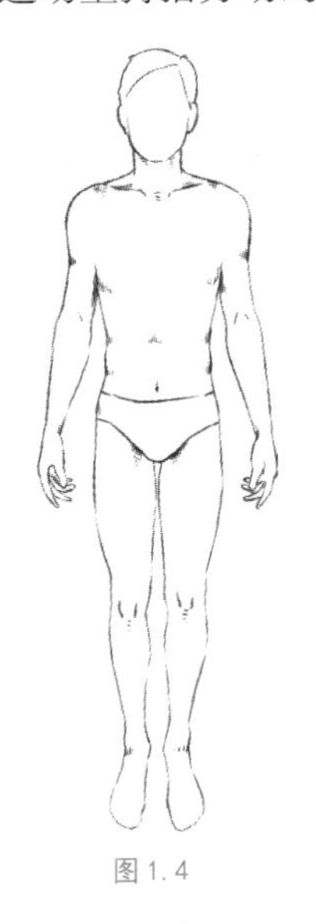

外界温度与体温变化对人的影响①

体温 41℃以上	严重危及生命，甚至死亡
体温 40℃—41℃	神经性功能障碍，神志不清
体温（腋窝）36.8℃	人体正常温度
体温 27℃—29℃	失去意识
体温 22℃—23℃	严重危及生命
外界温度 35℃	外界温度开始高于人体体表温度，出汗成为人体散热唯一有效途径
外界温度 29℃	汗腺开始启动
外界温度 28℃	人体一般不会出汗

恒温是动物具有较高代谢水平的重要标志。头脑愈发展，愈不能承受温度上下波动的影响，也就愈要求体温趋于恒定。对于脊椎动物，只有恒温，头脑才能得到长足的发展。

图 1.4

---

① 关于人类体毛变得稀少有多种假说，如：达尔文《人类的由来及性选择》一书中的“性择说”；英国海洋生物学家哈迪（Hardy）的“水生说”；库什伦（Kushlan）的“衣着说”；布雷斯和蒙塔古（Brace and Montagu）在《人类进化》、莫里斯（Morris）在《裸猿》中的“狩猎说”；等等。中国科学院古脊椎动物与古人类研究所吴汝康在其《关于人类体毛稀少的假说和评论》（《人类学学报》1987 年第 1 期）一文中，支持了狩猎和直立行走影响的观点。本文采用其观点，并引用了李清和《从猿到人的进化与体毛的退化》（《贵州民族学院学报》1990 年第 1 期）的相关论述。

② 综合自《人的体温调节》何天（《生物学通报》1985 年第 7 期）、《体温及其调节》戴宝隆（《生物学通报》1992 年第 12 期）。除特别指出为腋窝温度外，其余体温均指人体深度的平均温度。

绝大多数哺乳动物，包括猿猴在内，都是全身披毛以保温、防潮、防晒，仅有鼻部、生殖器官周围等小面积的裸露区用以散热。

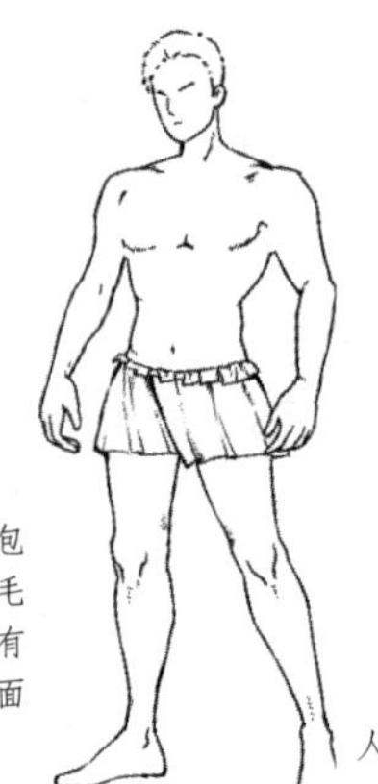

人全身裸露以散热。

无汗腺

无汗腺的种类，如鲸、鳞甲目等。

汗腺不大发达的种类，比如狗，只有足部有少量汗腺，体热散发主要靠口腔、舌和鼻。

汗腺较发达的种类，如有蹄类中的马。

汗腺发达

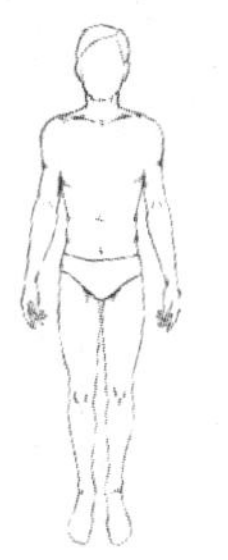

人类的汗腺最为发达。

图 1.5

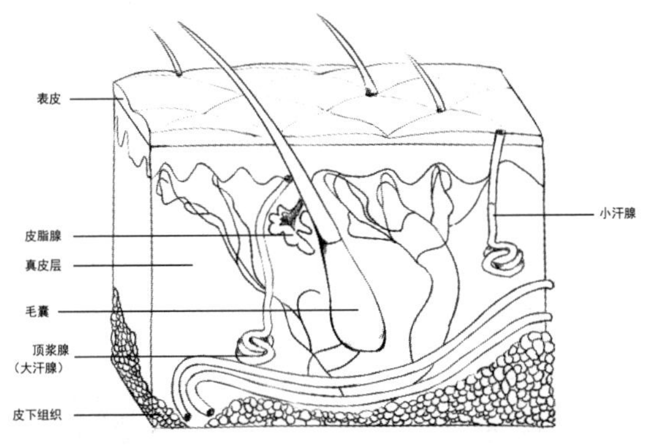

在哺乳类动物中，凡皮下脂肪组织发达者，或体毛稀疏（如猪），或体毛完全退化（如鲸），但鲸无汗腺，猪的汗腺亦极不发达。有蹄类汗腺发达（如马），但皮下脂肪组织并不发达。人则兼而有之，不但汗腺最发达，而且皮下脂肪组织也极其发达。皮下脂肪组织呈蜂窝状，能贮存大量脂肪，形成厚厚的皮下脂肪层。

图 1.6

（二）穿起衣物

比起约 100 万年前人类褪去披毛，衣物的发明和穿着则相对较晚。

在我国早期历史文献中，有黄帝时期“伯余之初作衣”“胡曹作衣”等传说，但这些记载和传说应该属于服饰已经发展到一定程度的“定制”或“改制”范畴。我们的圣人祖先想要“垂衣裳而天下治”，也需要先有制作衣物的物料和具备充分的供给作为基础。换言之就是，人类对服饰的发明不是一朝一夕之功，而是伴随着人类的不断进化和生产力的不断提高而逐步实现的。

同时，从目前得到的考古证据来看，人类服饰的初创要远远早于这一时期。

制作服饰的兽皮、树皮、树叶、羽毛和麻、丝等动植物纤维极易腐烂，因此，远古时代的服饰，很难保存到今天。所以，考古学家们往往通过一些相关资料进行研究和判断。比如用于缝制衣服的骨针（锥），用于纺纱织布的工具，纺织品残件，穿有衣服的人体塑像、画像，经人类加工过的麻、丝、棉、革残留物，家蚕或蚕蛹遗存，服装染色原料，埋藏在冻土中或与空气隔绝的环境中的远古时期穿有衣服的人类遗骸，等等。[①]

缝制衣服的骨针

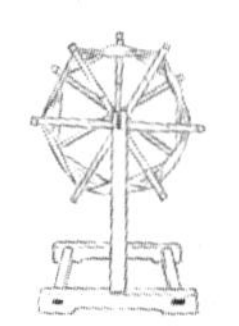

纺纱织布的工具

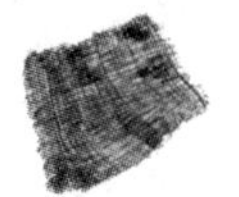

纺织品残件

穿有衣服的人体塑像、画像

经人类加工过的麻、丝、棉、革残留物

家蚕或蚕蛹遗存

服装染色原料

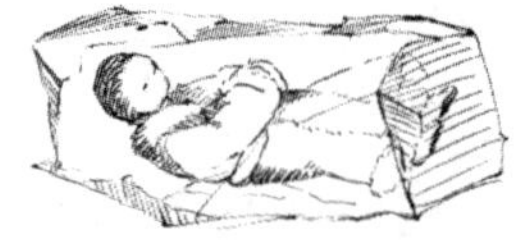

埋藏在冻土中或与空气隔绝的环境中的远古时期穿有衣服的人类遗骸

图 1.7

① 田野：《考古发现与“文化探源”之八　人类衣服的起源》，《大众考古》2014年第2期。

基于此，考古学家们最初通过对剥兽皮用的石质工具进行测年等综合研究，认为距今40万—30万年的原始人类就已穿上了兽皮衣服。

而在此之前，从约500万年前的南方古猿，到约30万年前的人类，一直都是裸体状态。

当然,科学家还想了一些其他的方法来测定人类的穿衣时间。比如前些年，有科学家就通过测算人类寄生虫体虱与头虱的分化时间，推算出人类穿衣服的历史至少有19万年，可备一说。

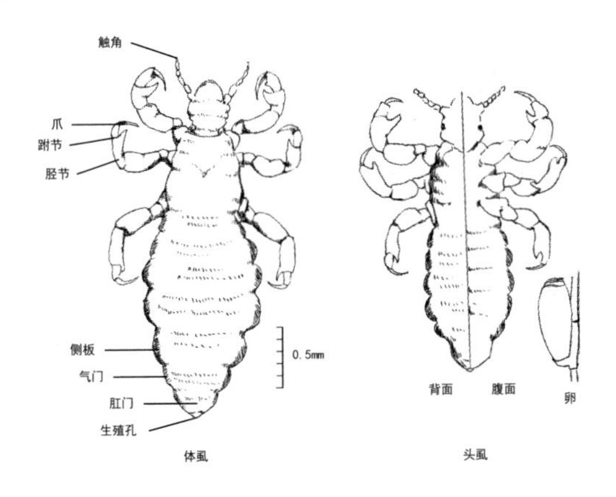

与人有关的虱子共有三种：头虱、体虱和阴虱。头虱和阴虱主要寄生在毛发中，而体虱喜欢生活在人穿的衣服里。专家普遍认为，体虱是由头虱分化而来的，并推测体虱从头虱中分化可能发生在衣服开始在人类中普及之时，正是衣服的出现给了体虱以寄生的新环境。因此，如果知道体虱最早什么时候出现，就能推测出人类从什么时候开始穿衣服。前些年，科学家检测了头虱和体虱的线粒体DNA和核DNA，得出的结论为人类穿衣服的历史已经超过19万年。①

图1.8

① 陈默：《人类何时开始穿衣？》，《百科知识》2010年第12期。

（三）服装起源的各类假说

人类为什么要穿着衣物，历来众说纷纭，目前尚无定论。大致有“保暖说”“护体说”“装饰说”“图腾崇拜说”“遮羞说”“性吸引说”“携带工具劳动说”[①]等观点。

但我们应该认识到：拥有不同生产生活方式、不同文化背景的早期人类族群不可能构筑相对微观的共同价值观念，并用以指导生活实践。因此，“遮羞说”“装饰说”“性吸引说”等观点可能偏于主观。

况且，人类衣服的出现，也未必就是单一原因导致的结果，更未必是某一个族群率先发明的“专利”，很有可能是多点起源、多种原因共同作用的结果。

最初应该与御寒保暖、直立行走后保护生殖器和携带工具等生产生活的实际需求有关。

之后伴随着人类社会的逐步发展，才具有了“遮羞”“性吸引”“族群和阶层标识”“装饰”“图腾崇拜”等进阶功能。

保暖说

护体说

图腾崇拜说

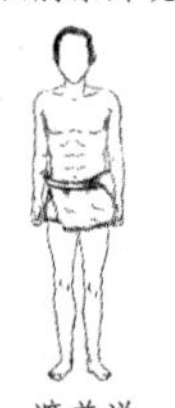

遮羞说

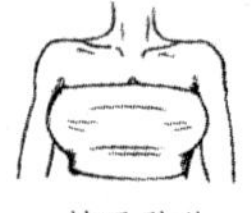

性吸引说

携带工具劳动说

图 1.9

① 陶园、于伟东：《基于工具携带作用的服装起源研究》，《丝绸》2015 年第 5 期。

所以，衣服不是天然就有的，它由人创造，是人类发展到一定阶段的产物，它伴随着人类的发展而发展，同时也促进了人类的发展。

衣服出现后，人类从此可以更好地恒定体温、保护身体和从事生产实践，进而又促进了人脑的进化，人类的生存活动范围也随之扩大，从而创造出辉煌的人类文明。

衣服，是人类伟大的发明之一。

二

衣裳开化

（一）最早的衣服："皮服说"和"卉服说"之争

对于最初的衣服究竟取用什么材质，一直有用兽皮披围的"皮服说"和用植物枝叶捆扎遮挡的"卉服说"[①]两种观点之争。

图 2.1　皮服、卉服想象图

毫无疑问，人类服装的最初形式，确实是由兽皮、植物枝叶之类的遮掩物发展起来的。但植物枝叶捆扎的简易衣服天然存在保暖性差、不舒适、容易划伤和磨痛皮肤等特点，远不如兽皮"御寒护体"和结实耐用的功能实际。特别是依据目前对考古遗物的测定，人类真正意义上最早的衣服亦被认为由兽皮所制。

正如我国文字中的"裘"。

图 2.2　裘　甲骨文 合集 1955

对此，我国典籍有较多记载。

比如《韩非子》曾记载："古者丈夫不耕，草木之实足食也；妇人不织，禽兽之皮足衣也。"

又如西汉初年陆贾曾说，在百官立、王道生之前，"民人食肉饮血，衣皮毛"。

①"卉"，百草的统称。关于卉服，一般认为是草服。如《尚书·禹贡》："岛夷卉服。"孔传："南海岛夷，草服葛越。"孔颖达疏："舍人曰：'凡百草一名卉。'知卉服是草服，葛越也。葛越，南方布名，用葛为之。"为避免狭隘，在此扩大到植物。

再如《后汉书·舆服志》记载："上古穴居而野处，衣毛而冒皮，未有制度。"

所谓"禽兽之皮足衣""衣皮毛""衣毛而冒皮"，指的就是用动物的皮毛制作衣物。

从考古上看亦是如此。

比如在法国阿玛塔遗址中发现了一把40万年前的骨锥，服装史学界普遍认为，它是原始人类进行兽皮拼接的最早工具。[①]

比如从俄罗斯北部的冰冻岩层中出土了一具10万年前穿着皮革裤和靴子的男孩遗骸。而且在俄罗斯莫斯科附近，也发现过3万年前人工缝制的皮毛短裤和套头衫，以及缝制兽皮服装使用的原始剪刀、刮刀、骨针等工具。

又如在12万年前尼安德特人与3.5万年前克罗马农人的活动遗迹中，均发现过石质刮刀。刮刀的出现，说明原始人类已经有了刮取皮毛和骨头上的碎肉与脂肪的工具，皮毛加工技术取得一定的发展。[②]

在我国，旧石器时代的衣服实物目前未能发现。不过，在旧石器晚期的湖南石门县燕儿洞遗址、福建三明市三元区船帆洞遗址都发现了骨锥，年代距今3万—2万年，一般认为应该与缝制皮毛类衣服有关。[③]

此外，在北京周口店山顶洞人遗址与山西峙峪人遗址中均发现了骨针。特别是山顶洞人遗址的骨针，测定距今1.8万年，长约82毫米，通体磨光，针尾有穿透的小孔，其针头尖锐、针尾透孔细密，可以轻易穿透兽皮，进而缝制衣物。

---

① 李斌、严雅琪、李强、沈劲夫：《基于古汉字字源学视角下皮服起源的考辨》，《丝绸》2021年第7期。

② 同上。

③ 田野：《考古发现与"文化探源"之八　人类衣服的起源》，《大众考古》2014年第2期。

图 2.3 山顶洞人遗址及其出土的骨针

当然，我们也并不排斥“卉服说”中，早期人类使用相关植物“藤蔓”作为“带（腰带）”围在身上，用以携带工具的相关观点，但如果真正意义上做到长期穿着、避寒遮体，恐怕还应是“皮服”。

（二）源起“衣”“裘”

众所周知，中国古文字起自远古，相关刻符、陶文、甲骨文、金文、简帛文字等前后相继，一脉相承，源远流长。其造字本义中蕴含着大量描述上古生产、生活和服装起源的重要信息。

图 2.4 传说中身穿鹿皮衣的太昊伏羲氏

比如，中国古文字“衣”（上衣）与“裘”（兽皮衣）的关系，似乎就印证了“最早的衣服为兽皮所制（皮服起源）”的观点。

衣　甲骨文 合集35428

裘　甲骨文　合集1955

图2.5

这是“衣”字的古文和后世流变：

衣　甲骨文　合集35428、合集1948

衣　金文 西周 吴方彝盖

衣　简帛 战国 上博楚竹书一·缁衣9

衣　小篆 说文

图2.6

在“衣”这个字中，衣领、两袖，特别是交叠的左右衣襟清晰可见，正是古代上衣的生动写照，后来被认定为中华衣冠标识的“交领”造型，在这一字形中也体现得淋漓尽致。[1]

图2.7 共青团中央发起的“中国华服日”标识，参照了“衣”的古字形。

图2.8　衣

① 甲骨文、金文中，“衣”字“左衽”“右衽”造型皆有。

所以，“衣”字的本义是上衣，而所谓“衣裳”，一般指上衣和下裳。

《诗经·齐风·东方未明》说“东方未明，颠倒衣裳”，《周易·系辞》说“黄帝、尧、舜垂衣裳而天下治”，这里的“衣”都是指的上衣。

后来，才慢慢将人们穿着的所有衣物泛称“衣”。

就字形而言，我们今天的楷书“衣”字直接承袭隶书字形。由于在隶书时期就已经把小篆等古文字中的笔画拉直[1]，因此，我们很难从后来的“衣”字上看出其造字本义。

衣　隶书 唐 叶慧明碑

衣　楷书 唐 颜真卿

衣　行书 北宋 米芾

衣　草书 明 王宠

图 2.9

---

① 隶书对古文字进行了巨大的变革，我们一般把隶书作为古文字和今文字的分界线。隶书之前为古文字阶段，主要包括甲骨文、金文、战国文字以及秦小篆等；隶书以后是今文字阶段，包括隶书和楷书。至于草书和行书，可说是书写体的演变，而不是字形的演变。

与“衣”字形相近的是“裘”字。

图 2.10 是“裘”① 字的甲骨文字形，象的就是将兽皮披围在上身，并在胸前交叉，皮毛外漏的样子，因此“裘”本义就是用皮毛制的衣。

图 2.10 裘　甲骨文　合集 1955

通过对比不难发现，我们只要把字形中表示皮毛朝外的“小线条”删掉，就是甲骨文的“衣”字。

图 2.11　衣　甲骨文　合集 35428

因此有观点指出，“衣”“裘”同源，“裘”是最早的“衣”。②

至于“裘”后来的字形，又增添了表音的“又”或“求”字符：

裘　金文 西周 次卣 加“又”字形

裘　金文 西周 九年卫鼎 加“求”字形

图 2.12

① “求”为“裘”古文说，不采。

② 有学者指出，“裘”的甲骨字形为“衣”的上古字形，盖因上古“衣”“裘”不分，西周金文加“又”的“𧘝”字形方为“裘”，可备一说。

再后来基本固定为“衣”表意、“求”表音的形声字形，直到今天。

关于“裘”，历史上还有一个非常著名的寓言故事。

战国时期，魏文侯外出巡游，在路上碰见了一个背着草料的人，这个人反穿着裘皮大衣，将有毛的一面向里，而无毛的一面朝外。

魏文侯感到很奇怪，就问这个人：“你为什么要反穿着裘皮大衣，把皮露在外面来背东西呢？”

那人回答说：“我很喜欢这件裘皮大衣，怕因为背东西把外面的毛磨掉，所以才反着穿。”

魏文侯听了，很认真地对那人说：“其实皮更重要，如果皮被磨破了，毛也就没有依附的地方了，舍皮保毛，不过是一个错误的想法。”

裘 简帛 睡·日乙189

裘 小篆 说文

裘 楷书 隋唐 虞世南

裘 行书 元 赵孟頫

图 2.13

魏文侯“皮之不存，毛将焉附”典故想象图

图 2.14

第二年，魏国东阳的地方官给魏文侯送来了年度的税赋：足足是往年的十倍。魏国的官员纷纷向魏文侯表示祝贺，但魏文侯却说："这其实是不应该祝贺的。因为这与去年我遇到的那个人反穿裘皮大衣的行为没有什么区别。东阳土地没有增加、人口也没有大的增多，即使丰收之年，也不会有能力多交这么多。我们赞叹十倍的税赋，却忘记了被重税压榨的百姓，假如百姓没有活路，税赋又从哪里来呢？"

这个故事出自《晏子春秋》，也是成语"皮之不存，毛将焉附"的来历。

毋庸置疑，魏文侯是对的。

但毛朝里的穿法不见得就是"不智"，历史上各个时期都有毛朝里的穿法，直到今天我们都能看到有很多裘皮大衣是这样的设计和制作。

历史上，制裘的兽皮多种多样，羊、犬、鹿、貂、狐、虎、豹、熊等动物的皮，都可以作为材料。其中以"狐裘"最为珍贵，也最有名气。《诗经》就有"取彼狐狸，为公子裘"的诗句。

由于狐裘难得，所以古人在制作时，有时会以狐皮为身、羊羔皮为袖进行合制，于是就有了成语"狐裘羔袖"，用来形容整体尚好，但略有缺点的事物。

同时，由于狐狸腋下之毛最为纯白轻暖，因此最为珍贵，《史记·赵世家》就有"千羊之皮，不如一狐之腋"的提法。后来也就有了将众多的狐狸腋下毛皮集合起来制作成裘的奢侈做法。这也是成语"集腋成裘"的来历，这种裘就是名贵的"狐白裘"。

历史上就曾有孟尝君用"狗盗"之士，偷来狐白裘贿赂秦昭王宠妃以求自保的故事；也有下雪天齐景公穿着狐白裘感叹"怪哉，雨雪三日而天不寒"的讽刺典故。由此可以推断，李白《将进酒》名句"五花马，千金裘，呼儿将出换美酒，与尔同销万古愁"并非言过其实，就狐白裘而言，价值"千金"并不为过。

除了狐裘，还有貂裘。比如苏轼就曾于密州知州任上写下关于貂裘的千古名篇《江城子·密州出猎》：

老夫聊发少年狂，左牵黄，右擎苍。锦帽貂裘，千骑卷平冈。为报倾城随太守，亲射虎，看孙郎。

酒酣胸胆尚开张，鬓微霜，又何妨！持节云中，何日遣冯唐？会挽雕弓如满月，西北望，射天狼。

用貂裘出猎的意象，浓墨重彩地刻画了作者的慷慨意气和壮志豪情。

（三）兽皮的加工

将兽皮简单地披围在身上比较容易，但制作成舒适、整洁、坚韧、保暖的裘衣则并不简单。

如何完整地剥下猎物的皮而不产生破损和浪费，如何使兽皮更快地干燥而不腐烂，如何让生硬的兽皮变得柔软，如何充分地多层次使用兽皮，如何更好地裁制兽皮，等等，都需要人类在生产实践中不断进行探索和总结。

因此，在人类历史上，对兽皮的加工使用，如剥皮、鞣制、裁剪等工艺的产生和进化，都不是一蹴而就，而是经历了较长的发展变化的。

1. 剥皮工艺：“克”“皮”为“革”

古人最初的剥皮、鞣制等工艺，大致可从“皮”“革”“克”“鞄”等字中一窥其貌。

先说“皮”字。

要说“皮”字，就得先说代表我们人类右手的“又”字。

图 2.16 前两个是“又”的甲骨文和金文，看起来就是人右手的样子[①]，特别是金文，已经非常形象。

后来的字形把线条拉直，就成为现在的样子。

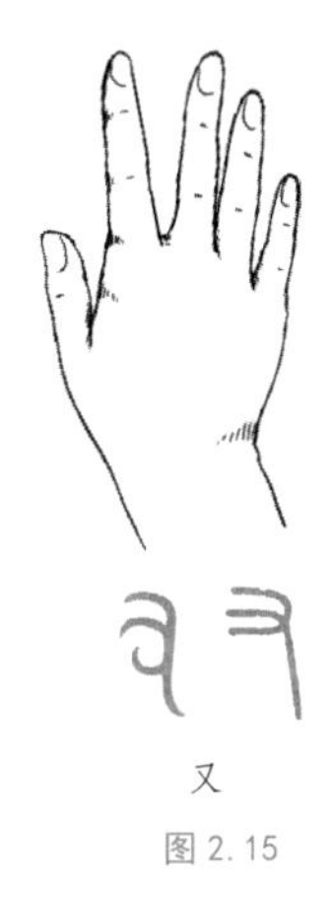

图 2.15

又　甲骨文 合集 0905

又　金文 商 又方彝

又　小篆 说文

又　简帛 睡·日甲 41 正

又　隶书 三国 王基断碑

又　楷书 唐 颜真卿

又　行楷 元 鲜于枢

又　草书 唐 怀素

图 2.16

① “又”象人的右手之形，本义就是指右手，也表示“右”，也是“右”的初文，后来被借去表示“再”“更”等义。“右”也加了“口”字符单独成字。古文字中作为部件使用时一般指示人手。

因此《说文》讲：“又，手也。象形。”之所以画三根手指头，是因为“三指者，手之列多略不过三也”。比如表示左手的“左”[①]的早期字形，也是画的三个手指头。

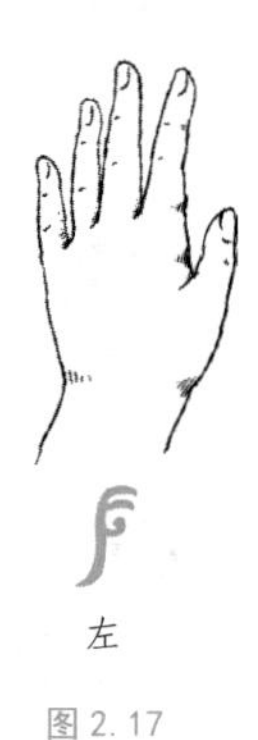

左

图 2.17

左　甲骨文　合集 0906

左　金文 商 左鼎

左　简帛 睡·秦律杂抄 23

左　小篆 说文

左　隶书 东汉 夏承碑

左　楷书 唐 颜真卿

左　行书 北宋 苏轼

左　草书 北宋 黄庭坚

图 2.18

---

① 延伸阅读：“左”的早期字形也象人的左手之形，本义就是左手，也表示左边。后来的字形加了“工”字符。古文字中作为部件时一般指示人手。

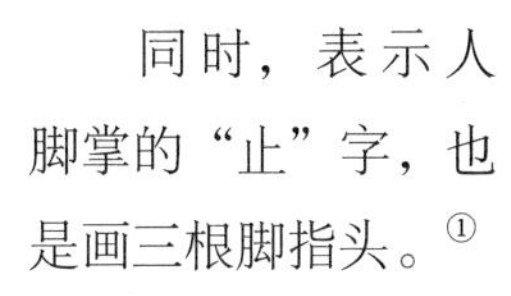

同时，表示人脚掌的“止”字，也是画三根脚指头。[1]

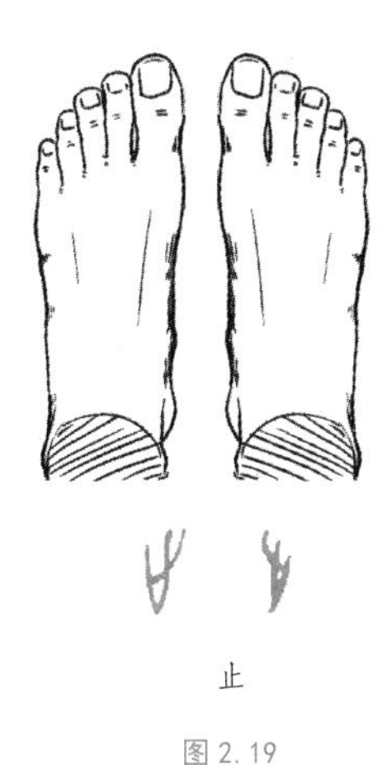

止

图 2.19

止　甲骨文　合集 40373、合集 27434

止　金文 商 集成 5938、集成 1424

止　金文 西周 集成 4292

止　简帛 战国 郭店楚简·语丛一 105

止　小篆 说文

止　隶书 东汉 曹全碑

止　楷书 唐 颜真卿

止　行书 元 赵孟頫

止　草书 北宋 米芾

图 2.20

---

① “止”“少”“夊”“㐄”四种基本形分别指向上或向前的左脚、向上或向前的右脚、向下或向后的左脚和向下或向后的右脚，在此不作区分。

所以，“又”字在早期，就是用右手表示左右的右，后来才表示“再”“更”等意思。而右的本义，也添加了“口”，成为我们今天常用的“右”。

当我们在其他字中看到“又”字符的时候，一般还是代指人手。

所以，明白了“又”表示人手，就可以说“皮”字了，图 2.21 是“皮”的甲骨文和金文：

皮　甲骨文　花东 330

皮　金文 西周 九年卫鼎

图 2.21

从字形上看，由一个表示人手的“ ”、表示有头有尾的兽形“ ”和被剥取的皮“ ”组成，象的就是人手剥取兽皮之形，本义就是剥皮、兽皮。[①]

皮

图 2.22

①许慎、王国维、林义光均持此观点。林义光《文源》认为“皮”的金文形体中间的“ ”象兽头、角、尾之形，一竖状右方连出的半圆状“象其皮”，而形体右下方的部件“又”则“象手剥取之”。同时，有学者指出，此字形为“革”字的省形，备一说。

当然，“皮”字也有可能表示的是用“口”在兽体上吹气“ ”[1]，致使兽皮呈现鼓起的“ɔ”状，再用手撕下的“吹气剥皮法”（后文详述）。

但不管是哪种说法，剥皮是一定的。

所以，《说文》讲：“皮，剥取兽革者谓之皮。”

后来的字形逐步演化，成为我们现在看到的样子：

皮　简帛 战国 郭店楚简·缁衣18

皮　小篆 说文

皮　隶书 唐 叶慧明碑

皮　楷书 北魏 石婉墓志

皮　行楷　明　王宠

皮　草书 东晋 王羲之

图2.23

① “ ”为用口吹气，可参照“龠”“龢”中的吹奏编管乐器之形。

而“革”字的上古字形，则较为直观：

革　甲骨文　花东 474

革　金文 西周 康鼎

图 2.24

很明显，据字形可以看出，“革”字是一个已经被剥下的、有头有尾并撑开的、呈平展状的兽皮形状。

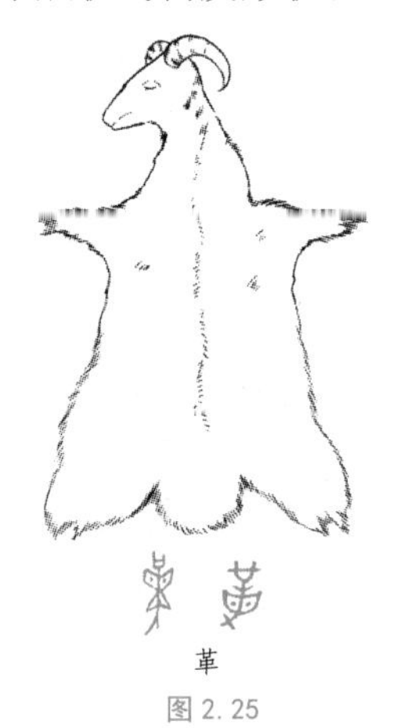

革

图 2.25

而到了“革”的后期金文字形，有的字形就演变成了像左右手抓住兽进行皮肉分离、去毛的样子，即剥皮，所以“革”的本义就是剥下来的皮革[①]。

革　金文 战国 鄂君启车节

图 2.26

① 林义光、高田忠周、高鸿缙等认为，金文象兽头、角、足、尾之形，并以双手制去毛。也有观点如《金文形义通解》。张日升表示，象割剥后的兽皮展开之形，上象头，中象身，下象尾，其身部后逐渐讹变为双手形。但不管哪种观点，象兽皮之形是一定的。

后来的字形虽然逐步演变，但其实还是保留了造字本义的。

革　简帛 战国 上博楚竹书二·容成氏 18

革　小篆 说文

革　隶书 西晋 辟雍碑

革　楷书 北宋 黄庭坚

革　行楷 唐 褚遂良

图 2.27

当然，说了“皮”“革”，就必须说“克”字。

这是“克”字的上古字形和相关流变：

克　甲骨文　合集 073

克　甲骨文　合集 31219

克　金文 西周 利簋

克　石刻 秦 诅楚文

克　小篆 说文

克　隶书 东汉 封龙山碑

克　楷书 唐 颜真卿

克　行书 明 宋克

图 2.28

对比可以发现，“克”其实就是把“皮”字中，表示人手的“又”去掉（有的字形上部加了一短竖）。

皮　甲骨文　花东550

克　甲骨文　合集0739

图2.29

所以有观点认为，“克”在字形上与“皮”“革”关联甚大，甚至同源，本义同样表示剥皮，后来逐步引申为“能够”等义。[1]

将“克”“皮”“革”三字的上古字形进行对比：

皮　甲骨文 花东550

皮　金文 西周 九年卫鼎

克　甲骨文　合集0739

克　金文 西周 利簋

革　甲骨文　花东474

革　金文 西周 康鼎

图2.30

① 也有不同观点，比如林义光、李孝定认为，“克”的字形是人用肩膀担负重物，上部象所肩负的东西之形，本义为肩负重物，进而引申为胜任。可备一说。

由此可知三者应该存在造字联系。

所以，一些学者指出，“克”字表示的，很有可能是上古时代，剥取兽皮时使用的吹气剥皮法[①]，即剥皮时，先在兽腿部割开一道口子，然后从开口处吹气“ㄗ”，使得皮肉分离，兽皮呈现鼓起的“ↄ”的形状，再用刀划开，即可轻松剥下。

蒲松龄在《狼三则·其三》的故事中就描述过这样的方法：屠夫暮行遇狼躲入田间休息处，“狼自苫中探爪入……惟有小刀不盈寸，遂割破爪下皮，以吹豕之法吹之”，最后作者还发出“非屠，乌能作此谋也”的感慨。其中的“吹豕之法”就是吹气剥皮法。

其实，此处的“吹豕之法”为汉族传统的剥皮手法，目前仍可在我国的众多农村地区见到，俗称“吹猪”。

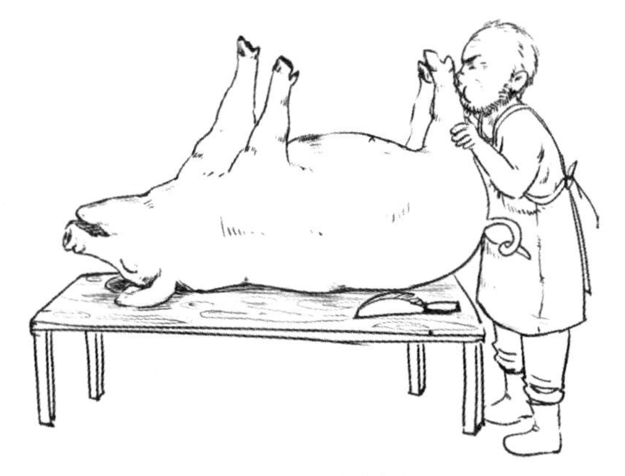

图 2.31 吹猪剥皮图

正因为“克”表示用吹气法剥皮，所以逐步引申出了“能够”“胜任”和“约束”“战胜”“制约”等意思。

我们今天常讲的“攻无不克”“以柔克刚”“克己复礼”等也因此而来。

---

① 李斌、严雅琪、李强、沈劲夫：《基于古汉字字源学视角下皮服起源的考辨》，《丝绸》2021 年第 7 期。

2. 皮革鞣制：“鞄”“茹”

动物皮的主要成分是蛋白质、脂肪，如果不经过加工鞣制，就会变得生硬或者腐烂。

人类在使用兽皮的过程中，发现用烟熏火烤、动物油脂涂抹，使用植物汁液浸泡，利用盐碱土调制或用牙齿啃咬过的毛皮能够保存得更久，于是慢慢探索和总结出了鞣制皮革的加工方法：油鞣法、烟熏法（醛类）、植物浸泡鞣法（单宁酸）、土鞣法和口鞣法。

在我们的汉字中，就有专门用来表示对动物皮进行鞣制的字“鞄”。

就字形而言，“鞄”字的早期字形是上从“陶”[①]，下从“革”，同时“陶”表示声符。

鞄　金文 春秋 齐侯镈

鞄　金文 齐鞄氏钟

鞄　简帛 战国 上博楚竹书五·競 6

图 2.32

这里的“陶”字符，一般认为仅仅是表音。

匋　金文 西周 父盘

陶　小篆　说文

图 2.33

但也不排除其表意的可能，比如将“革”放入陶制器皿，用清水、盐水或者植物汁液进行浸泡、淘洗、揉搓的鞣制之法；亦有可能是掏取盐碱土（陶本身就有“掏土”之义）调制鞣剂进行鞣制的土鞣法。

图 2.34　植物浸泡鞣法

① 一般认为“匋”为“陶”“掏”的初文，均有挖土、制作陶器之义，不展开。

后来的字形，逐步用同音的“包”替代了“陶”表音，成为我们现在看到的样子。

鞄　小篆 说文

鞄　隶书 西汉 马王堆

鞄　楷书 唐 五经文字

图 2.35

包　金文 西周 牧簋

包　小篆 说文

包　隶书 西汉 马王堆

包　隶书 东汉 熹平石经

包　楷书 唐 欧阳询

包　行书 北宋 苏轼

包　草书 明 王铎

图 2.36

《说文》讲："鞄，柔革工也。从革，包声。读若朴。"所以，鞄的本义就是鞣制皮革。

所以《周礼》也会说："柔皮之工鲍氏。"这里的"鲍"其实就是"鞄"。

此外，也有观点指出，我们的成语"茹毛饮血"正是原始社会口鞣法鞣制皮革方式的写照。

图 2.37 茹毛鞣制图

"茹毛饮血"语出《礼记·礼运》："昔者先王未有宫室，冬则居营窟，夏则居橧巢。未有火化，食草木之实、鸟兽之肉，饮其血，茹其毛。未有麻丝，衣其羽皮。"

"茹"字本身就有"柔软""杂糅"之义。比如《广雅》就讲"茹，柔也"，《广韵》也讲"茹，杂糅也"。又如《玉篇》也说"茹，柔也"，所以《离骚》讲"揽茹蕙以掩涕兮"，这里的"茹"也是柔软。

如果继续探讨，“茹”的主体字符“如”，本义就是“顺从”,所以有“如意”“如愿”“如果”等词。

右是“如”字的字形流变，从古至今一直都是由“女”和“口”组成。

如　甲骨文　合集0470

如　小篆 说文

如　隶书 东汉 郭有道碑

如　楷书 唐 柳公权

如　行书 北宋 米芾

如　草书 唐 张旭

图 2. 38

其中的“女”字表示女子，就是女子双手环抱，跪坐于地的象形：

图 2.39　女

图 2.40“女”字的字形流变：

女　甲骨文　合集 0422

女　金文 商 彭女甗

女　小篆 说文

女　隶书 东汉 曹全碑

女　楷书 唐 钟绍京

女　行书 东晋 王徽之

女　草书 元 赵孟頫

图 2.40

其中的“口”字，就是人嘴巴的象形：

图 2.41

图 2.42 是“口”字的字形流变：

口　甲骨文　合集 0717

口　金文 商 口尊

口　小篆 说文

口　隶书 东汉 桐柏庙碑

口　楷书 东晋 王羲之

口　行书 北宋 苏轼

口　行草 明 文徵明

图 2.42

因此，一个表示女子的“女”字，加上一个形容女子柔弱、顺从特性的“口”字符，就是表示顺从的“如”字。[①]

既然“茹”从字源上表示“柔软”，那么按照典籍观点倒推回去，“茹毛”确实并非指吃野兽的皮毛，而是指用口啃咬“使皮柔顺”。其表示的，极有可能是原始人用口啃咬的方式对毛皮进行柔化处理的过程。

比如，因纽特妇女至今仍保留了通过牙齿啃咬使毛皮变得柔软的习俗。据悉，正常人体唾液的 pH 值在 6.6 到 7.1 之间，还含有唾液淀粉酶、黏多糖、黏蛋白、溶菌酶等。无论唾液的 pH 值呈弱酸性还是弱碱性，在咬制过程中，均能对毛皮产生类似酸鞣或硝鞣的效果。

此外，宋代学者罗泌在《路史》中就写道：“古初之人，卉服蔽体。次民氏没，辰放氏作，时多阴风，乃教民搴木茹皮，以御风霜。”辰放氏是我国古代传说中教人用兽皮制作衣服的上古大贤，这里的“茹”字，明显不是“吃掉”的意思，“搴木茹皮，以御风霜”很有可能就是对拔取树枝，将生皮支撑张开并阴干形成干皮，然后用牙齿对干皮进行啃咬，进而柔化干皮制作衣物以抵御风霜严寒的描述。

---

① 徐锴、林义光认为，“如”字中的“口”表示发出命令、女子服从之义。近代有很多学者表示赞同。但“口”字符还有可能用来“形容事物的属性”，比如“古”中的“口”表示盾牌的坚固，“吉”中的“口”表示兵器的锐利，等等。

三

索麻成绩

（一）动植物纤维的最早使用

所谓纤维，就是细丝状的物质。

有天然的纤维，比如植物类的麻纤维、棉花纤维，动物类的蚕丝、羊毛等。

也有人工合成的纤维，比如用石油等物质合成的聚酯纤维（涤纶）、氨纶、腈纶等。

一般认为，人类早期对于动植物纤维的使用可能较为直接，比如直接使用藤蔓类植物作为工具和腰带等。但由于有机物难以保存，目前缺乏实物佐证。

图 3.1　将藤蔓作为工具和腰带想象图

不过，将动植物纤维作为缝合材料，却有相关证据。

比如前文中提到的在我国北京周口店山顶洞人、山西峙峪人等遗址中发现的骨针。

通过对山顶洞人骨针直径的测量可知，最粗部分的直径为 3.1 到 3.3 毫米。

图 3.2　骨针示意图

毫无疑问，山顶洞人的石刀无法切割出直径小于 3.1 到 3.3 毫米的皮带，但动物的毛与植物纤维的直径基本都是微米级，远低于 3.1 毫米，可见，这里的骨针应该反映了他们已经开始使用动植物纤维，并用于缝缀皮料。

因此，如果说骨针的发现，证明了早在 40 万年前人类就已经通过骨针与皮条有了简单的皮革连缀工艺，开始了对皮毛的使用；那骨针的发现，则说明在距今约 3.4 万年至 2.7 万年的时代，山顶洞人已经开始通过骨针使用动植物纤维进行毛皮服饰的缝制。

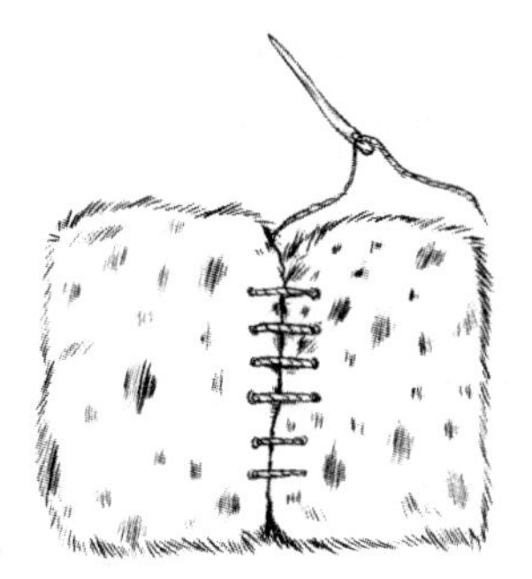

图 3.3　骨针缝制皮衣想象图

（二）纺织从“麻”开始

考古研究证明，人类大约在新石器时代就已经穿上了使用植物纤维作为材料编织而成的衣服，最早广泛用于衣服的纺织材料是麻类植物纤维。

我们推测在此之前，人类必然已经利用麻纤维制作了绳索、网罗等生产生活工具。用麻纤维制作布料、服饰，已经是利用麻纤维的较高阶段，再往后还有利用麻纤维造纸等发明创造。而人类一旦掌握方法并开始运用麻类植物纤维制作布料、服饰，服饰的发展就会变得日新月异。

相较兽皮的剥皮、柔化、裁剪和缝制工艺，麻类植物纤维则先要粗加工，使麻成绩，然后织成麻布，再制成衣物。于是，伴随着麻类植物纤维的运用，被誉为“人类穿着材料的第二次革命”的纺织开始出现。通过纺织这种创造性的劳动，人类把自然形态的植物纤维和畜皮转变成人工形态的纺织品衣料，再用衣料制作衣服。

相关证据比比皆是。

比如，在我国河北徐水的南庄头遗址，发现了 1 万年前左右可能与纺织技术有关的陶器绳纹纹饰；在湖南道县玉蟾岩遗址出土的 1.2 万年前的陶片上，出现了类似纺织印痕的纹饰；在广西桂林甑皮岩遗址，发现了大约 1 万年前的骨针。

再如，我国井头山遗址出土了 8000 年前的编织物；在河南荥阳青台遗址发现了平纹麻纺织品和平纹及螺纹丝织品；在江苏苏州草鞋山遗址发现了纬起花的螺纹葛布织物；浙江余姚河姆渡遗址出土了距今 7000 年左右的苇席残片和绳索，同时发现了用于纺织的原始织机。此外，还有彭头山遗址、大溪遗址、半坡遗址、裴李岗遗址、舞阳贾湖遗址等新石器时代文化遗址出土的大量石锥、石纺轮、陶纺轮、骨锥、骨梭、骨针、麻织布片及大量陶片上的麻织物印痕等，证明了麻织物的源头至少可追溯到 1 万年前的新石器时代，甚至可以追溯到更为久远的旧石器时代晚期。

而彭头山遗址、大溪遗址、河姆渡遗址、吴江遗址、大何庄和秦魏家遗址出土的麻织物，每平方厘米经纬线都在 10 根以上，有的纬线甚至达到了每厘米 26—28 根，并且有了较为复杂的平纹织法、各式斜纹织法、罗式绞组织法、环绕混合织法等工艺，表明 6000 多年前麻纺织工艺已经诞生。①

---

① 冯盈之：《汉字与服饰文化》。

（三）“麻”的文明

一般来说，我们国家原产的麻分为三种，分别是大麻、苘麻和苎麻。

苘麻纤维较硬，不适合制作衣物。但由于耐水浸，所以一般用作雨衣、渔网、缆绳等。

苎麻纤维较为细长、坚韧，其质地轻、拉力强、易染色而褪色困难，其织物被称为“纻”，又称“夏布”。我国是苎麻的原产地，苎麻又被称为“中国草”。但由于不耐寒，所以一般在南方种植。

最主要的是大麻。

大麻是我国历史上种植使用最广泛、重要的麻，俗称“麻”或者“汉麻”，有“国纺源头，万年衣祖”之称。我们前文中提到的“麻”[①]，就特指大麻。

图 3.4　大麻

大麻高 1—3 米，雌雄异株，纤维长而坚韧，因其对气候和土壤具有较强的适应性，所以种植广泛，又称为火麻、线麻、疏麻。

同样，我国是大麻的原产地。在新石器时代就已经广泛培育、种植和使用，其织品在商周时代就已经非常普及。因此，大麻生产在上古社会占有重要地位，用途十分广泛。

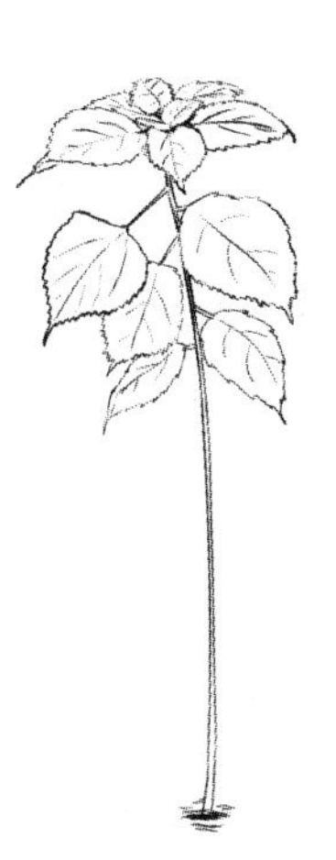

图 3.5　苎麻

我们的典籍也对此进行了相应的记载，比如《诗经 · 曹风 · 蜉蝣》曾讲“麻衣如雪”。

比如《诗经 · 陈风 · 东门之池》曾讲“东门之池，可以沤纻”之句。

① 在我国古代文献典籍中，只要提到“麻”，一般指大麻。

比如周代官员典枲有“掌布、缌、缕、纻之麻草之物，以待时颁功而授赍”。

而《史记·周本纪》记载周人的始祖弃在儿时已“好种树麻菽”，《管子·牧民》中有“养桑麻，育六畜，则民富”。

当然，基于其在古代生产生活中的重要性，相关文学作品很多。比如孟浩然的名篇《过故人庄》：

故人具鸡黍，邀我至田家。
绿树村边合，青山郭外斜。
开轩面场圃，把酒话桑麻。
待到重阳日，还来就菊花。

而我们常说的布料、布匹的“布”，在最初就是特指用大麻纤维制作的织品。而用大麻制作的“布”制成的衣物也就被称为“布衣”，由于其长期、广泛为低层百姓使用，以至“布衣”成了庶民的代名词。

由于对于大麻的广泛种植与利用，华夏先民对于大麻的理解也非常深刻。早在汉朝初期的《神农本草经》就记载了大麻的药用价值。《后汉书》也记载了华佗用麻沸散和酒对病人进行麻醉的事迹。但由于中国大麻四氢大麻酚含量较低，因此自古以来，华夏先民对于大麻的开发利用基本比较正常——如制作衣物、绳索、帆布和用于医药等领域，直到印度大麻亚种的出现。我们常说的“毒品大麻”就是印度大麻中一种较矮小、多分枝的变种。《马可·波罗游记》中就记载了中亚刺客组织首领山中老人利用印度大麻对杀手进行控制的故事。

相较其他毒品而言，毒品大麻的毒性及成瘾性确实较为温和而缓慢，但其对人体的损害是毋庸置疑的。更关键的是，吸食大量毒品大麻后，愉悦感会逐渐降低，此时的吸食者就会尝试效力更强的毒品，最终无法回头。

令人高兴的是，伴随着科技的进步，我们已经可以培育出不含四氢大麻酚的大麻品种，如“云麻1号”，使大麻摆脱“毒品”困扰，重新回归本色。

（四）绩麻

说“麻”必须先说草。

1. 草本

在我们比较早的古代，表示小草、草类的字其实不是“草”，而是“屮”（chè）、“艸（艹）（cǎo）”和“卉”，[1] 右是它们的早期字形及其流变。

可以看得出来，无论是一个草的“屮”（屮），两个草的“艸（艹）”（艸），还是三个草的“卉”（卉），其实都是小草的象形。后来“屮”字逐渐不单独使用。

屮

图 3.6

屮　甲骨文　合集27218

屮　金文 商 中乍从彝盉

屮　简帛 战国 郭店楚简·六德12

屮　小篆 说文

艸（艹）　小篆 说文

艸（艹）　楷书 明 王宠

卉　小篆 说文

卉　行楷 北宋 黄庭坚

卉　草书 明 祝允明

图 3.7

---

① 屮、艸（艹）、卉均表示草，且一字分化，其相互演变关系在此不详细展开。

需要指出的是，我们现在使用的“草”字，本义是栎树的果实，被借来表示“艸（艹）”的本义后，“艸（艹）”字形最后慢慢地只作为表示草的部首符号使用，也就是我们现在的草字头。

草　小篆 说文

草　隶书 东汉　孔彪碑

草　楷书 唐 颜真卿

草　行书 明 文徵明

草　草书 唐 怀素

图 3.8

由于麻类都是草本植物，所以“麻”字的早期字形内部，并不是表示树木的“林”，而是表示草的“艸（艹）”。

依其金文字形可见，“麻”字上部的“厂”表示房舍[①]，下部的“林”表示晾晒的长秆草形，即“麻”。因此，《说文》讲“麻与林同。人所治，在屋下。从厂从林”。

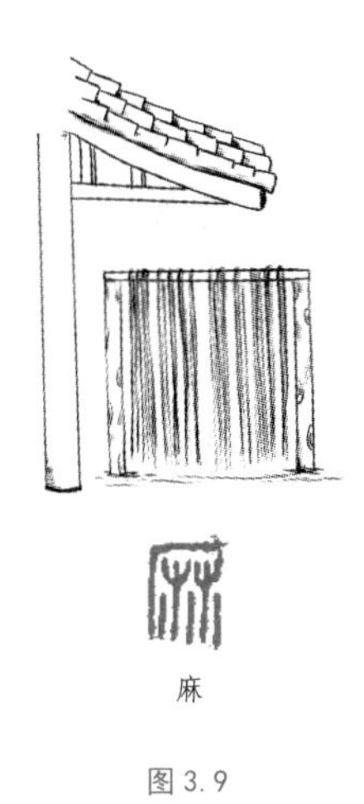

麻

图 3.9

麻　金文 师麻斿叔簋

麻　小篆 说文

麻　隶书 西汉 北大简

麻　楷书 北魏 元瑛墓志

麻　行书 东晋 王羲之

麻　草书 明 祝允明

图 3.10

① “厂”本义是象岩崖之形，但是在古汉字中，“厂”“广”和“宀”经常通用，用来表示屋宇。其区别在此不作展开说明。

众所周知，麻类植物因茎秆较高，纤维较长，所以才用作纺织。这个“麻”（ ）字中的“草”（ ）茎秆较长，也意味着茎秆中的纵向纤维较长，旁边的三条竖线（ ）可能表示的就是晾晒沥水之义，也有可能是用来表示已经将麻茎劈分成细细的麻纤维。

2. 取络

一般而言，制麻的过程主要有收割、沤麻、纵向劈分、洗刷、晾晒、捻合等步骤。

收割主要指收割麻的茎秆。

图 3.11　收割麻秆

沤麻主要是指利用细菌和水分对植物的作用，溶解或腐蚀包围在韧皮纤维束外面的大部分蜂窝状结缔组织和胶质，从而促使麻茎中的纤维分离出来的加工过程。

早期的沤麻，一般寻找天然水源进行。古人通常用石块把成捆的麻茎压入水中，浸泡 8—14 天，将麻茎中的“肉质”泡软泡烂，进而与纤维分离，也就是取其“络”。

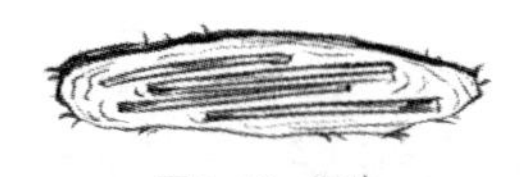

图 3.12　沤麻

《说文》讲：“络，絮也。一曰，麻未沤也。从糸，各声。”

但实际上，“络”表示的应该是麻秆内部的纵向纤维。如我们常见的“丝瓜络”“橘络”等。

当然，也有观点认为，一个表示丝线的“糸”（ ）加上表示“到来”的“各”（ ）字[①]，本义应该是“缠绕”，后来又引申为笼罩、网、套住之义。所以《广雅·释诂四》讲“络，缠也”，我们现在常讲的“笼络”“网络”都是从这里来的。

当然，不管哪种观点，“络”用来表示物质中的“线状和网状体”是一定的，比如山川地脉的“地络”，表示人体气血通道的“经络”，等等。

图 3.13　山川地络示意图

络　简帛 战国晚期 睡虎地秦简·秦律杂抄 17

络　小篆 说文

络　楷书 唐 钟绍京

络　行书 明 董其昌

络　草书 北宋 黄庭坚

图 3.14

① 各，从止从凵（或从口），本义为到来，与“出”相对。

将麻沤制之后，就可以轻松地将麻秆的纤维进行劈分和去肉了。

劈分时要细，去肉时要反复洗刷，之后充分晾晒，就可以获得细细的麻纤维，进而捻合成线，上机织布。

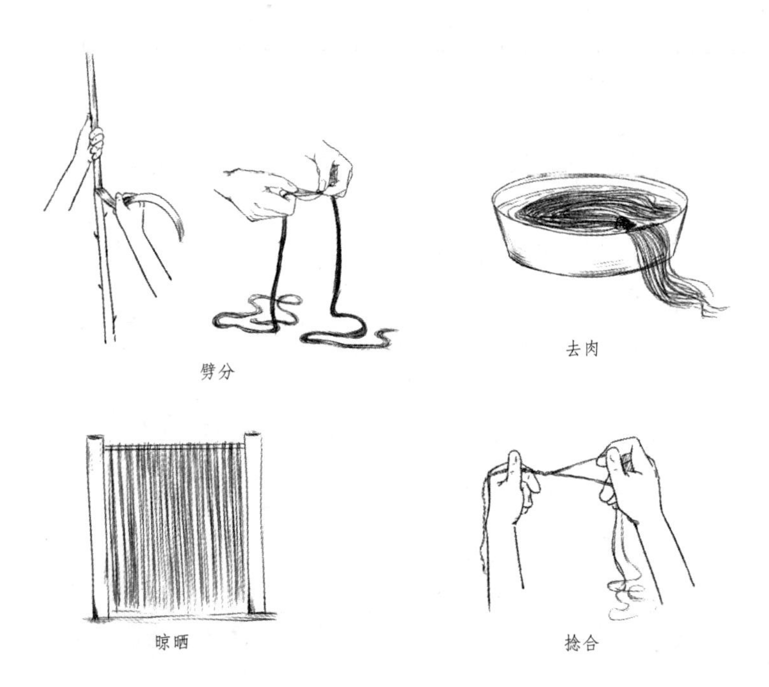

图 3.15

3. 索线

取得麻纤维后，就可以捻合成线了。而这个将麻纤维进行捻合的工序，就是汉字“索”。

右是“索”字的上古字形及其流变。

可以很明显地看出是左右两只人手“ ”，合力搓捻纤维交缠成为表示丝线的糸（玄、丝）“ ”的会意。

搓比较粗的绳子是“索”，把植物纤维搓成纱线也是“索”。直到现在，民间依然有不使用任何工具，直接用手搓线、搓绳的习俗。

图 3.16　手搓麻绳

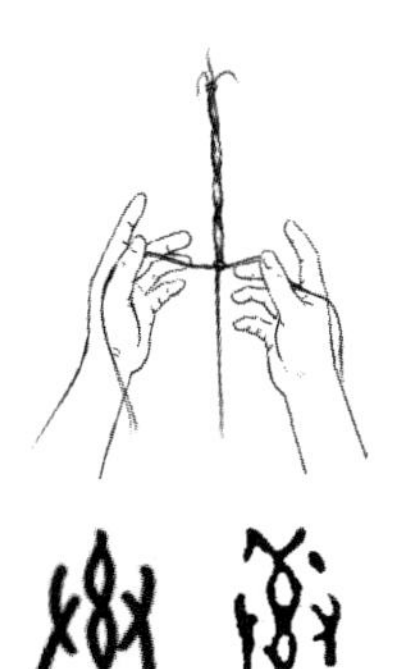

图 3.17　索

索　甲骨文　合集 1040

索　金文 西周 辅师嫠簋

索　简帛 战国 上博楚竹书一·缁 15

索　小篆 说文

索　隶书 东汉 王舍人碑

索　楷书 隋 龙藏寺碑

索　行书 唐 欧阳询

索　行书 明 黄道周

索　草书 当代 毛泽东

图 3.18

这页是“糸”“玄”“丝”的上古字形及其流变。

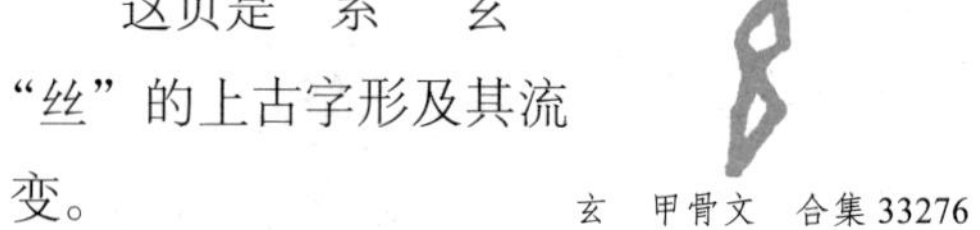

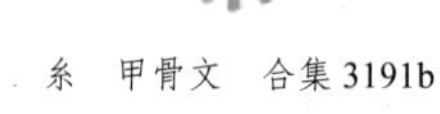

糸　甲骨文　合集3191b

糸　金文 商 了父癸鼎

糸　小篆 说文

糸　隶书 清 吴大澂

糸　楷书 六朝碑文

图3.19

玄　甲骨文　合集33276

玄　金文 西周 集成8296

玄　金文 西周 集成2816

玄　简帛 战国 上博楚竹书

玄　小篆 说文

玄　隶书 东汉 礼器碑

玄　楷书 南北朝 始平公造像记

玄　草书 明 祝允明

图3.20

丝　甲骨文　合集3193

丝　金文 西周 寓鼎

丝　简帛　战国 睡虎地秦简·法11

丝　小篆 说文

丝　隶书 东汉 衡方碑

丝　楷书 唐 欧阳询

丝　行书 东晋 王羲之

丝　草书 元 赵孟頫

图3.21

从字形上可以看出，“糸”“玄”“丝”三字同源，[①] 都是表示纤维缠绕的丝线之义，后来字义分化：“糸”逐步转为部首，也就是我们现在简化字的“绞丝旁”，凡是和丝线相关的字基本都以“糸”为部首；“玄”开始表示极细的丝线，人眼看不清楚的意思；而“丝”则表示丝线的本义。

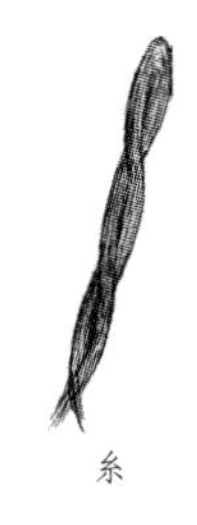

糸

图 3.22

因此，《说文》说：“索，艸有茎叶，可作绳索。”

所以，“索”的本义就是捻合成“绳”或者“线”，后来才引申出“求索”“索取”的含义，直到今天我们还有“绞索”“绳索”等词。

图 3.23　玄

---

①“玄”字本义目前尚无定论。林义光认为“玄”是悬挂着的丝，是“悬”的本字，日久变黑，所以有黑的意思；郭沫若认为“玄”是“钻头”，引申为旋转的动作，旋转容易头晕眼黑，不可捉摸；庞朴认为，“玄”是水中漩涡的侧视图，漩涡是向下的黑洞，又深又黑；周谷城认为“玄”字像树上悬挂的果子，有“悬挂”义；黄冠斌认为“玄”字是串珠形；吴效群认为古文“玄”字形涉及生殖崇拜；王玉堂认为“玄”“弦”“幻”本是一字分化；王蕴智认为“丝、幽、茲、兹、幺、玄”同源；此外还有“脐带说”“抽丝说”；等等。其中“抽丝说”“旋转说”颇有可取之处。由于本书重在进行文化普及，不宜过细，特别是“玄”“幺”“糸”作为部件时，常常混用，所以采用“玄”“糸”“幺”“丝”同源观点。

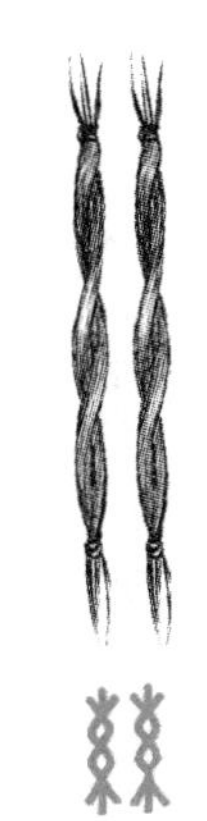

图 3.24　丝

4. 素是自然色

“索”出来的麻线，呈现出白色，就是“素”。虽然“素”并没有单独出现在金文中，但金文“索”字，就是由左右两只手和“素”组成，而且多假借“索”表示“素”的含义。

索　金文 西周 师克盨盖文中用“索”表示“素”

图 3.25

素　简帛 楚天策

素　小篆 说文

素　隶书 东汉 张迁碑

素　楷书 北魏 赵充华墓志

素　行书 唐 陆柬之

素　草书 东晋 王羲之

图 3.26

所以“素”与“索”同源，本义就是麻线洁白的样子。同时，还因为索出来的麻线较粗，呈现出质朴的特点，“素”字也引申出“质朴”“朴素”“单一”等意思。我们现在讲的“朴素”“安之若素”“银装素裹”“要素”“音素”等，都是从这里来的。

因此，白居易在其诗作《白羽扇》中有这样的句子：

素是自然色，圆因裁制功。

所以，汉乐府《孔雀东南飞》也有这样的诗句：

十三能织素，十四学裁衣。
十五弹箜篌，十六诵诗书。
十七为君妇，心中常苦悲。
君既为府吏，守节情不移。

当然，还有一首凄苦的汉朝古诗《上山采蘼芜》，这样写道：

上山采蘼芜，下山逢故夫。
长跪问故夫，新人复何如？
新人虽言好，未若故人姝。
颜色类相似，手爪不相如。
新人从门入，故人从阁去。
新人工织缣，故人工织素。
织缣日一匹，织素五丈余。
将缣来比素，新人不如故。

5. 成绩

而从麻类植物的“洗刷”“劈分”“晾晒”到“捻合成线”

的整个过程，古人称为“绩”。

比如《诗经·豳风·七月》就有详细的描述：

七月流火，八月萑苇。

蚕月条桑，取彼斧斨，以伐远扬，猗彼女桑。

七月鸣鵙，八月载绩。

载玄载黄，我朱孔阳，为公子裳。

比如《墨子·非乐上》：“使妇人为之，废妇人纺绩织纴之事。”《吕氏春秋·爱类》也说：“故身亲耕，妻亲绩，所以见致民利也。”

再如南宋范成大的诗作《四时田园杂兴（其三十一）》就曾这样写道：

昼出耘田夜绩麻，村庄儿女各当家。

童孙未解供耕织，也傍桑阴学种瓜。

比如还有这样的诗句：

野鸡毛羽好，不如家鸡能报晓。

新人美如花，不如旧人能绩麻。

绩麻做衫郎得着，郎见花开又花落。

图3.27是“绩”的上古字形及其流变。

绩 简帛 战国 信2·023

绩 简帛 银雀山汉简文字编63

绩 小篆 说文

绩 隶书 东汉 熹平石经

绩 楷书 唐 欧阳询

绩 行书 东晋 王羲之

绩 草书 唐 怀素

图3.27

“绩”字右边的“责”，金文字形从贝，朿（cì）声，本义是赋税，又因为赋税为民之责任，所以引申为“责任”。

“绩”字从字形上看，由表示纤维丝线的“糸”和本义表示赋税的“责”组成。之所以称为“绩”，可能是古代有把做好的麻线当作赋税的历史遗存在里边：只将收割好的麻秆当作赋税是不行的，还必须按照工序“索麻”成线，成“绩”后方可缴纳。

因此，“绩”引申出“成就”“功业”等意思，于是有了“功绩”“成绩”“业绩”等词。

责 甲骨文 合集2572

责 隶书 东汉 衡方碑

责 金文 商 小臣缶方鼎

责 楷书 唐 褚遂良

责 金文 春秋 秦公簋

责 行书 北宋 苏轼

责 简帛 战国 睡虎地秦简·秦律十八种103

责 草书 唐 怀素

责 小篆 说文

图3.28

专纺为线

（一）纺轮与纺专

将植物、动物纤维搓捻成“糸”（丝线），最初是用手。比如前文中“索”字，本义就是将麻纤维捻合成线的过程。

但伴随着人类的进步，就发明创造了相关工具，比如纺专（纺锤）。

纺专一般由木杆和纺轮组成。纺轮的形状像一个圆形的饼，同时圆心有孔。纺线时，在纺轮中间的小孔插一根木杆，利用纺轮的旋转把纤维捻在一起，合成更结实的“纱线”。

1. 最早的纺轮

目前看来，纺轮于新石器时代出现，最早为石制、陶制，后来还有铜制、铁制的出现。

我国新石器时代出土的纺轮数量众多，时间极早，目前发现最早的纺轮出土于河南舞阳贾湖遗址，距今 8000 余年，其多用废陶片打制，中间穿圆孔。

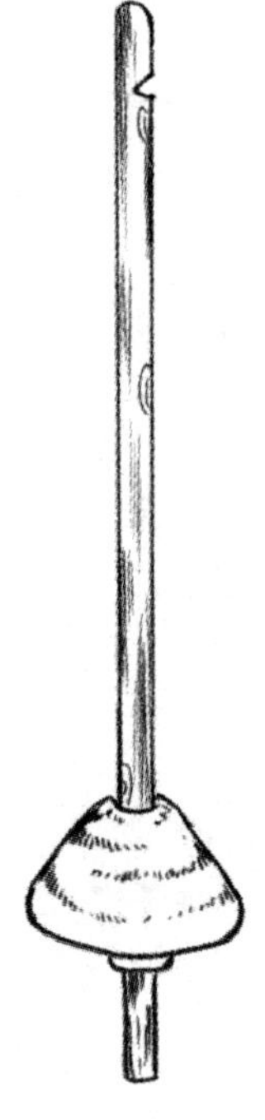

按中国国家博物馆馆藏新石器时代陶纺轮绘制

图 4.1

之后的仰韶文化、大汶口文化以及河姆渡文化遗址均出现了陶制、石制的纺轮。

相比之下，良渚文化瑶山遗址发现的两件玉纺专则更为美观，特别是其中一件玉纺专中孔里还插着一个打磨过的青玉杆，圆杆上端呈锥尖状，在尖端钻以小孔，非常精致。

不难发现，无论是距今 8000 余年的贾湖陶纺轮，还是这套 5000 年前的良渚玉质纺专，和我们今天农村还在使用的纺专几乎一模一样，可见先民们的智慧对我们的影响有多深远。

2. 弄瓦之喜正解

值得一提的是，纺轮基本上都发现于女性墓葬中，不仅表明“男耕女织”的生产结构早在六七千年前就已经基本形成，还彰显着中国女性先民在纺织技术及服装制作方面做出了巨大贡献。没有她们的辛勤劳动，就没有中华民族服装文化的不断进步和惊人成就。

由于纺轮多用陶瓦制成，所以《诗经 · 小雅 · 斯干》说：“乃生男子，载寝之床，载衣之裳，载弄之璋……乃生女子，载寝之地，载衣之裼，载弄之瓦。”于是后来我们也把生男称为“弄璋之喜”，生女称为“弄瓦之喜”。

很明显，这里的“璋”应该不是指“列土封疆”的诸侯礼器，而是比喻如玉的美德；这里的“瓦”也不是指略显低级的寻常瓦片，而是特指纺轮，其代表的是纺织技艺。因此“弄璋”“弄瓦”固然有封建时代的“男女之别”，却实在没有“玉瓦之分”的褒贬、尊卑在里边，其饱含的是古人对于生男拥有如玉的品德、生女天生心灵手巧的美好祝愿。

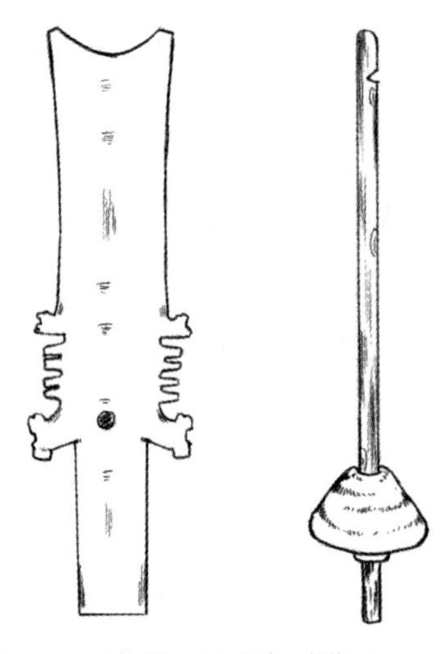

图 4.2　玉璋、纺专

3. 纺专

正如良渚玉纺轮和上图中国国家博物馆藏馆新石器时代陶纺轮所示，纺专由纺轮和转杆两部分组成，纺轮中的圆孔用来插转杆。当用力使纺轮转动时，会使一堆乱麻似的纤维牵伸拉细，并捻成麻花状。纺轮不断旋转，纤维牵伸和加捻的力也就不断沿着与纺轮垂直的方向（即转杆的方向）向上传递，纤维不断被牵伸加捻，最终将加捻过的纱缠绕在转杆上，即完成“纺纱”的过程。

图 4.3　使用纺专纺线示意图

（二）因专成纺

1. 专属的“专”

对于用纺专纺线，我们的汉字有个专属文字对其进行表示，即“专（專）”字。所以纺轮又称“纺专（專）”，又因为早期多为陶制，所以又称“塼瓦”。

在上古文字中，“专（專）”字是古人纺纱行为的会意。

图 4.4　专　示意图

专　甲骨文　合集 2954、合集 2954a

专　金文 商 专鼎

专　小篆 说文

专　简帛 西汉　马王堆

专　隶书 东汉 杨统碑

专　楷书 唐 李邕

专　行书 北宋 米芾

专　草书 唐 孙过庭

图 4.5

通过古文字可以看出，“专(專)”字由两部分组成，一边的“叀”是“专（專）”的本字，表示纺专的转杆上缠满丝线的样子，本义就是纺专。

一边的“又”表示的是人手，合起来就是表示人们用手捻“专”转动纺纱的动作。[①]

叀　甲骨文　合集 2953、合集 2953a

叀　金文 西周 虢叔旅钟

图 4.6

叀　示意图

图 4.7

寸　示意图

寸　简帛 战国 睡虎地秦简·秦 51

寸　小篆 说文

寸　楷书 唐 柳公权

寸　行书 东晋 王献之

寸　草书 唐 怀素

图 4.8

① “寸”字为人手后一寸动脉的位置，本义就是切脉的寸口。但作为字符部首在别的字中使用时，一般指示人手，同“又”。

同时，只有“叀”“专（專）”转动起来才能纺线，所以这两个字本身也表示“转动”之义。同时，“专（專）”因为是圆形且转动，自然也就有了“圆”“画圆”“抟圆”“团聚”等义。

同时，又因为“专”（或叀）可以将细小的纤维集中成一根纱线，所以基于这一“集中”的形象动作，“专”（或叀）字又扩展了“集中于一”的含义，我们今天说的“专心”“专注”“专门”“专业”等就是从这里来的。

所以，汉字中含“专”（或叀）字符的字，往往取其“转动”“圆转”“围绕”“集中于一”等义。

专　甲骨文 合集 2954、合集 2954a

专　金文 商专鼎

图 4.9

2.“转”动：从纺轮到车轮

人类发明轮子和车是不是受了纺专的启发，不得而知。但后来“转”字，却是用“专（專）”加了“车”字符构成，用纺专的转动类比车轮的转动，来表示“转动”之义。

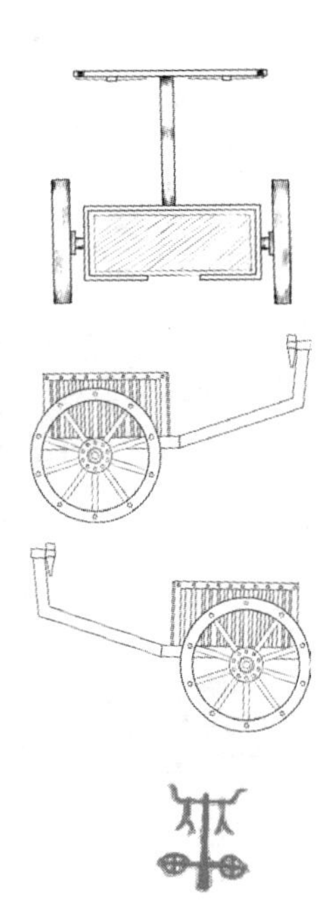

车　示意图

图 4.10

转　简帛 战国晚期 睡虎地秦简・为 3

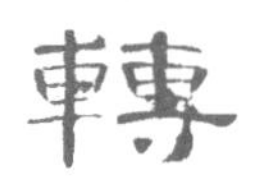

转　小篆 说文

转　隶书 东汉 曹全碑

转　楷书 唐 欧阳询

转　行楷 北宋 苏轼

转　草书 明 桑悦

图 4.11

车　甲骨文 合集 3145

车　金文 商 车盘

车　金文 西周 散伯车父鼎

车　简帛 战国 上博楚竹书一・缁 20

车　楷书 元 赵孟頫

车　行楷 北宋 蔡襄

车　草书 隋 智永

图 4.12

3.“传”递和“传”记

同理，“传（傳）”字就是用“专（專）”加了表示人的“人”字构成。

用纺专的圆、转表示事物在人之间转授、传递，本义就是“传递”，后来特指驿站所设立的用来传递符信的车马，之后又引申出“流传”“传授”等意思。

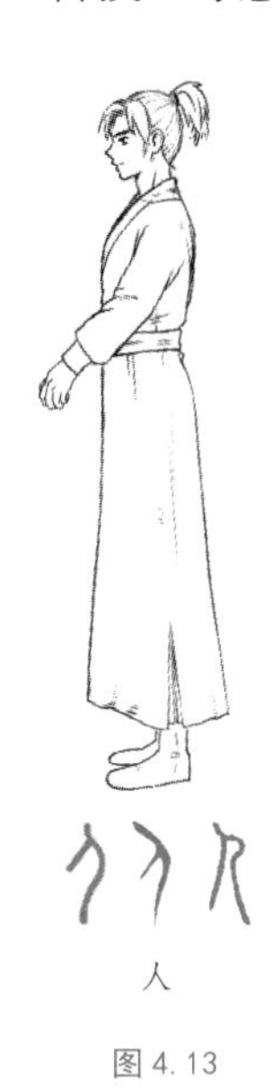

人

图 4.13

人 甲骨文 合集 0001

人 金文 商 作册般甗

人 小篆 说文

人 简帛 战国 上博楚竹书一·缁衣 24

人 隶书 东汉 礼器碑

人 楷书 唐 颜真卿

人 行书 唐 李邕

人 草书 元 赵孟頫

图 4.14

传　甲骨文　合集 2956

传　金文 西周 集成 5925

传　简帛 楚包 2·120

传　小篆 说文

传　隶书 东汉 张景碑

传　楷书 唐 欧阳通

传　行楷 北宋 黄庭坚

传　草书 唐 孙过庭

图 4.15

我们现在常说的“传达”“传统”“传话”“传染”“流传”“传檄而定”“传位”“心传”等都是从这里来的。

同时，由于我们把记载“不变的道理”的书籍称作“经”[①]，而围绕“经”进行传授和解释的东西，就被称为“传”。比如围绕《易经》进行解释的书，就被称为《易传》；比如五经中有《春秋》，而围绕《春秋》进行解释的书，就有《公羊传》《左氏传》和《穀梁传》。再后来，围绕人物的生平进行记载、解释和考证的书籍也称为“传”，比如《史记》中的《老子韩非列传》《仲尼弟子列传》《廉颇蔺相如列传》等；此外，民间小说、传记文学也采用了“传”，比如《水浒传》《朱元璋传》等，也是围绕人物及其相关事件展开的。

①“巠（经）”象织布机和经线，由于经线不动，所以常常将蕴含万古不变道理的书籍称为“经典”，后文详述。

4. “抟”成“团”“砖”

再比如，后来的“抟(摶)”字，就是用“专(專)”[1]加了表示人手的“扌”构成，用纺专的圆、转来表示用双手把物体揉捏成圆球。

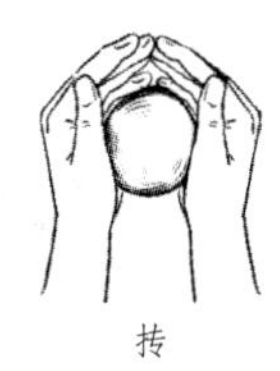

抟

图 4.16

抟 小篆 说文

抟 楷书 明 王宠

抟 草书 明 文林

图 4.17

手 金文 西周 楚簋

手 简帛 战国 睡虎地秦简·日甲 154 正—2

手 隶书 东汉 史晨碑

手 楷书 唐 颜真卿

手 行书 明 王世懋

手 草书 北宋 黄庭坚

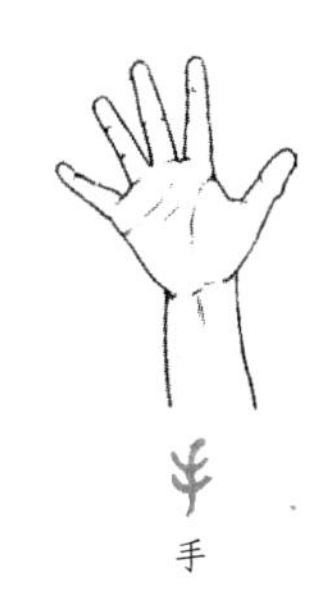

手

图 4.18

①“专(專)”已经是加了人手(又、寸)的“叀”。

比如《齐民要术》讲做芥子酱方法时，就有“抟作丸子，大如李”的描述。所以后来“抟”也引申为“聚集”“圆”“回旋”等义。比如庄子名篇《逍遥游》中的“鹏之徙于南冥也，水击三千里，抟扶摇而上者九万里”中的“抟”，就是用的“回旋”之义。

此外，表示圆、聚集的“团（團）”，表示圆形竹器的“篿”，表示抟土烧结成的“砖（磚）”，表示铸造熔聚成的铁块“鏄”，等等，都从此而生。

团 金文 集成 5416

团 小篆 说文

团 楷书 元 溥光

团 行书 明 唐寅

团 草书 明清 傅山

图 4.19

篿 小篆 说文

篿 楷书 唐 欧阳询

图 4.20

篿

图 4.21

砖 隶书 东汉 衡方碑

砖 行楷 明 张弼

图 4.22

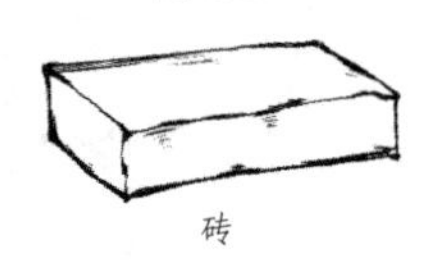

砖

图 4.23

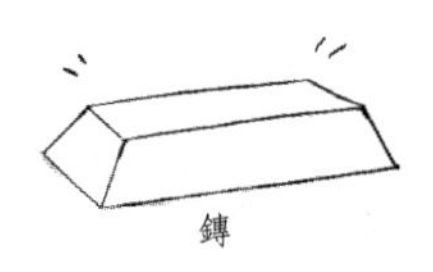

鏄

图 4.24

5. “惠”聚人心

再比如“惠”字，就是由一个表示围绕、团结、汇聚的“叀”字和一个表示人心的“心”字组成，表示的就是团结人心的方法，所以，“惠”通常表示仁爱、好处、柔顺等。所以《说文》讲：“惠，仁也，从心从叀。”

我们今天常讲的“恩惠”“实惠”“互惠互利”“惠泽”“贤惠”等都由此而来。

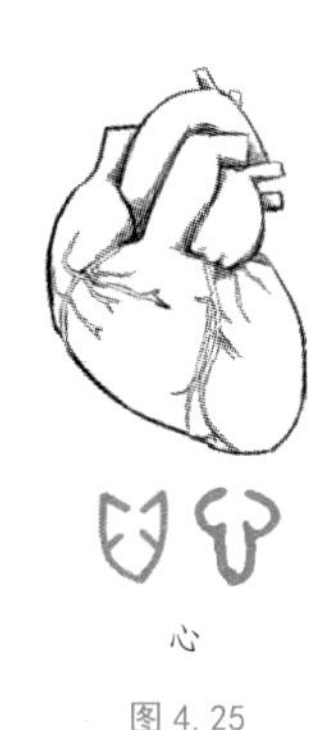

心

图 4.25

惠　金文 西周 集成 4317

惠　小篆 说文

惠　隶书 东汉 鲁峻碑

惠　楷书 东晋 王羲之

惠　行书 元 赵孟頫

惠　草书 隋 智永

图 4.26

心　甲骨文　合集 1934、合集 1934a

心　金文 西周 史墙盘

心　简帛 战国 上博楚竹书一・孔子诗论 4

心　小篆 说文

心　隶书 东汉 曹全碑

心　楷书 唐 柳公权

心　行书 东晋 王羲之

心　草书 明清 傅山

图 4.27

6. 因“专”成“纺”

尽管陶纺轮在今天看起来十分简单，但古人用自己的智慧和灵巧的双手，发明了纺纱工艺中至今仍然沿用着的五大运动：喂给、牵伸、加捻、卷取、成形。

现代纺纱机虽然已经有复杂精密的传动机构和自动化控制，但是不管是喷气、气流还是环锭纺纱，万变不离其宗，纺纱原理还是相同的，基本的五大运动一个都不能少。

从文字意义上看，只有具备了“专”（纺轮），才能称为“纺”。尽管古书中“纺”和“绩”经常连用，如《史记·平准书》“海内之士力耕不足粮饷，女子纺绩不足衣服”等。但一般而言，“纺”的对象可以是毛、麻、丝、棉等，而“绩”的对象只能是麻。

从字形上看，“纺”字由表示丝线的“糸”和一个表音的“方”字组成。[1] 本义就是把丝、麻等纤维制作成纱线。所以《说文》讲：“纺，网丝也。从糸，方声。”

纺　简帛 战国 郭店楚简·语丛三 7

纺　小篆 说文

纺　隶书 清 王澍

纺　楷书 唐 欧阳询

纺　行书 东晋 王羲之

图 4.28

① 纺，后来也用来表示丝、麻制作的织物，在此不表。

但也有观点指出，“方”古文字中的“ᅮ”符号（或一）常常表示缠绕、捆扎（如央、帚、帝等），在这里就是表示转动的纺专；而“丿”则表示两根纤维逐渐合成为一根纱线之形。因此“方”的本义就是纺线。① 由于纺线时转动有方向，所以有了“方向”之义，后来再被借去表示并舟的“舫”、“方圆”之“方”等，可备一说，供大家参考。

方 甲骨文 合集 8397、合集 28002

方 金文 商 作册般甗

方 金文 西周 集成 4328、4467

方 简帛 战国 上博楚竹书一·缁 22

方 小篆 说文

方 隶书 东汉 曹全碑

方 楷书 唐 柳公权

方 行书 元 赵孟頫

方 草书 唐 孙过庭

图 4.29

① 关于“方”，历来众说纷纭。许慎认为“方”象两船相并之形，是“舫”；叶玉森认为象架上悬刀之形；朱芳圃认为是“方”“枋”或“柄”的初文；徐中舒认为象“耒”之形，初无方圆之义；何琳仪认为象“一”横于刀身，表示以刀分物；高鸿缙认为“刀倚架旁”；董性茂认为“方”“旁”为一字；裘锡圭认为以“一”指示“刀”的锋芒，本义是刀的锋芒，后借用作方圆之“方”；陆忠发认为象人脖子被绑缚之形；等等。均供参考。

7. 纺成“纱”“线”

所以，从狭义上讲，如果说绩麻捻合出的是“索”是“素”，从茧抽出来的是“丝”，那么用“专”“纺”出来的，就是“线”和“纱”了。

其中，“线”也表示较细的丝线。

“线”有两种写法，一种为“綫”，一种为“線”。

“綫”，从“糸”从“戋”，“戋”亦声。“戋”的古文字形为两“戈”相向，所以汉字中从“戋”的一般都有“损”“小”等义，如“残”“钱”“浅”“贱”“盏”“栈”“笺”等字，可见，“线”本身就是指较细的丝线。

而“線”则从“糸”，“泉”声。当然也有观点认为“泉”同时表意，用以形容丝线细长如泉水。[①]

线　简帛 楚包 2·270

线　小篆 说文、说文古文

线　隶书 东汉 曹全碑

线　楷书 唐 颜真卿

线　行楷 元 赵孟頫

线　行草 北宋 黄庭坚　　线　行草 明 唐寅

图 4.30

① 有观点认为“泉”仅表音。备之。

戈　甲骨文　合集 2395

戈　金文 商 戈甗

戈　金文 西周 集成 3891

戈　简帛 战国 郭店楚简·唐虞之道 13

戈　小篆 说文

戈　楷书 隋唐 虞世南

戈　行书 唐 欧阳询

戈　草书 明 徐渭

图 4.31

戈　甲骨文　合集 2423

戋　金文 春秋 集成 10160

戋　简帛 战国 上博楚竹书四·内礼 10

戋　小篆 说文

图 4.32

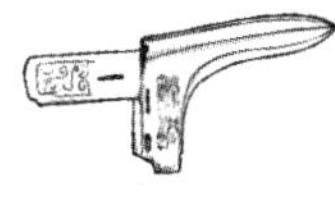

戈（头部）

图 4.33

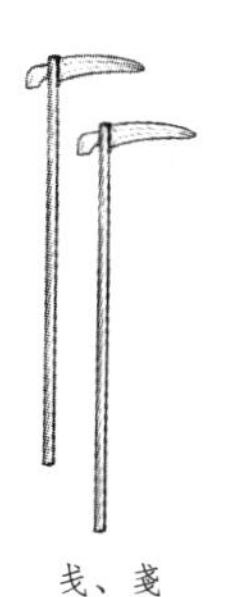

戈、戋

图 4.34

泉　甲骨文　合集 2153a、合集 2153

泉　金文 西周 集成 2762

泉　小篆 说文

泉　隶书 东汉 曹全碑

泉　楷书 唐 颜真卿

泉　行书 北宋 黄庭坚

泉　草书 唐 孙过庭

图 4.35

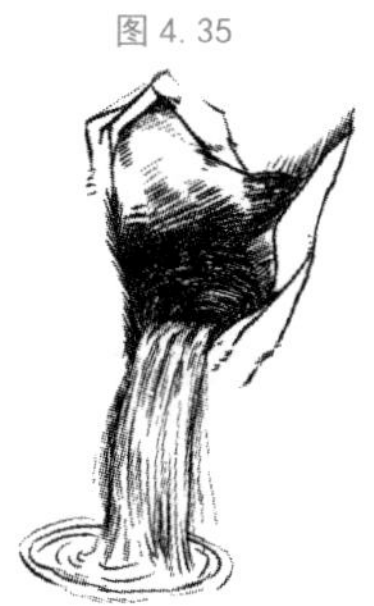

泉

图 4.36

有意思的是，宋末元初的文学家仇远，其有名的《清平乐·寒泉如线》就做了“泉如线”的生动比喻：

寒泉如线，莎石绵云软，十里梅花香一片，不记入山深浅。　　漫留两袖春风，罗浮旧梦成空，独对阑干明月，教人犹忆山中。

当然，说到线，还必须提到那首被誉为“诗之尤不朽者”“仁孝蔼蔼，万古如新”的千古名篇，孟郊的《游子吟》：

慈母手中线，
游子身上衣。
临行密密缝，
意恐迟迟归。
谁言寸草心，
报得三春晖。

纤　小篆

纤　简帛

纤　楷书 唐 薛稷

纤　行书 元 赵孟頫

纤　草书 明 朱瞻基

图 4.37

同样，表示较细丝线的，还有纤维的“纤（纖）”，[1]图 4.37 是“纤（纖）”字的古文字形。

---

① 简化字“纤”合并了两个繁体字：一个是表示细小的“纖”，一个是表示用来牵船牵牛的缰绳的“縴”。

它是由一个表示丝线的“糸”和一个形容细小样子的“韱”（xiān）组成。

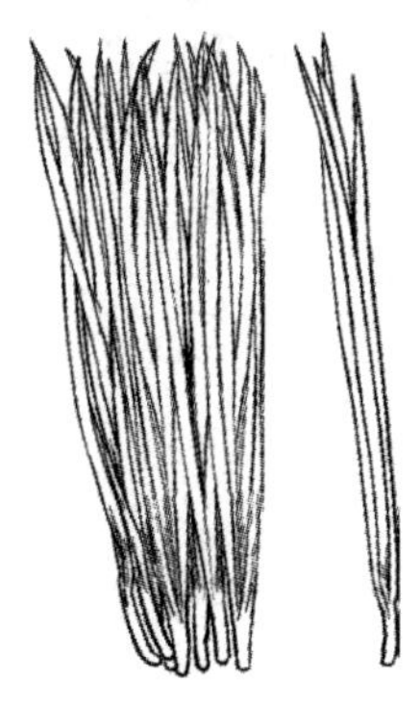
图 4.38　韭

“韱”由“𢦏”（jiān）和“韭”组成，《说文》讲“𢦏，绝也”，又讲“绝，断丝也”，而“韭”表示韭菜，合起来就是“割韭菜”，从而引出“细小”“消灭”的意思。

所以汉字中从“韱”的一般都表示“细小”“变细”等意思。[①]

比如“孅”，指女生苗条腰细，《文选·司马相如〈上林赋〉》就曾说过“妩媚孅弱”，我国神话中御月而行的女神就叫“孅阿”；比如“櫼”，表示尖锐细小的木楔子；比如“攕”，表示手细长好看，如《诗经》“攕攕[②]女手”；比如“歼（殲）”，表示越来越少直至消灭，如“歼灭”“围歼”“歼击”等。

可见“纤（纖）”本身就是会丝线细小之意，本身就是表示细小的样子。

我们今天讲的“纤维”“纤细”“化纤”“纤腰楚楚”“纤纤玉手”都是从这里来的。

既然提到“纤”字，就必须得提宋代词人秦观的那首被后人称为“七夕词以此为最”[③]的千古名篇《鹊桥仙·纤云弄巧》：

纤云弄巧，飞星传恨，

银汉迢迢暗度。

金风玉露一相逢，便胜却人间无数。

---

① “韱”有山韭菜说，因山韭菜叶尖锐细小，备之。

② 一作“掺掺”。

③ 清许宝善《自怡轩词选》。

柔情似水，佳期如梦，
忍顾鹊桥归路。
两情若是久长时，又岂在朝朝暮暮。

当然，宋代苏轼也有一首佳作《江神子·黄昏犹是雨纤纤》，描述了在纤纤细雨下思念好友的过程：

黄昏犹是雨纤纤。
晓开帘，欲平檐。
江阔天低、无处认青帘。
孤坐冻吟谁伴我？揩病目，捻衰髯。

使君留客醉厌厌。
水晶盐，为谁甜？
手把梅花、东望忆陶潜。
雪似故人人似雪，虽可爱，有人嫌。

同样，表示细线的还有“纱”字。[①] “纱”字从“糸”，“少”声，而“少”“小”同源，本义也是小，所以“纱”的本义就是用麻等纺成的轻细的丝线。

纱 小篆 清 吴昌硕

纱 楷书 明 土锋

纱 行书 北宋 黄庭坚

纱 草书 明 徐渭

图 4.39

① 纱，后来也表示轻柔的丝织物，在此不表。

缫茧为丝

（一）丝绸起源

中国是世界上最早植桑、养蚕、缫丝的国家。所以，对于我国而言，提到动物纤维，必须先讲蚕丝。

1. 华夏祖神：嫘祖

在我们的古代传说中，有黄帝制衣冠“垂衣裳而天下治”的故事，也有黄帝之妻嫘祖教民养蚕取丝的故事。

黄帝是中华民族的人文初祖，是传说中立下制衣冠、建舟车、定音律、造文字等伟大功绩的祖神，嫘祖作为黄帝的正妻元妃，能在华夏民间传说中称“祖”，可见养蚕取丝在中华民族的重要程度。

如果就传说而谈传说，没有嫘祖教民养蚕取丝的物质基础，黄帝恐怕很难“垂衣裳而天下治”。

图 5.1　嫘祖想象图
北周开始尊嫘祖为“先蚕”，即始蚕之神

而且，就嫘祖的“嫘”字而言，目前仅有一个义项：表示嫘祖。也就是说，在我们的汉字中，“嫘”字是专门给嫘祖的，正如“娲”字专门对应娲皇（女娲）一样。

但“嫘”字出现较晚，在早期的文献中，我们称其为“累祖”。[①]

“嫘”由“女”和“累”构成，“女”当然表示女性，“累”的古文字形是“絫”。图5.2是“絫”的古文字。

絫 小篆

絫 简帛 西汉 马王堆·合阴阳125

图5.2

① “累”是“纍”“絫”的后起字。“纍”指大索、缠绕。“絫”指增添、堆积、聚集。后来“絫”隶变为“累”，“纍”也省简为“累”，所有字义都用“累”代替。

很明显，“絫”由下边的“糸”和上边的“厽”组成。

前文我们已经讲过，“糸”表示丝线，这就和纺织有了联系。

而“厽”字目前仅见于《说文》，小篆写作。《说文》讲“厽，絫坺土为墙壁”，就是讲用土块垒成墙壁，也是我们今天看到的“垒”的本字。

所以有观点认为，中的“△”，表示土块，三个“△”表示多，也就是表示“堆积”“聚集”的意思。所以就有了“日积月累”“长年累月”等词，自然也有了“堆积多”的含义，比如“硕果累累”等。

而“絫（累）”字由“糸”和“厽”构成，自然有丝线堆积、聚集之义。

但也有观点表示，中的“△”象的是蚕茧之形，一个蚕茧抽的丝毕竟数量有限①，只有聚集起数量众多的蚕茧，才有纺织的意义，因此“絫（累）”本身就是用众多蚕茧制作丝线和织品之义，后来才用来表示聚集。因此，这个“嫘”字，本身就是“取蚕丝的女人”之义。

当然，此说姑且一备。

但不管哪种观点，絫（累）祖的“絫（累）”字必然和纺织有着千丝万缕的关系。

---

① 据统计，1000 条蚕从出生到吐丝结茧，要吃掉 20 千克的桑叶，而吐出来的丝，却只有 500 克左右。

2. 最早的蚕丝

我们再看考古发现。

目前已经在河南贾湖遗址发现 8500 年前丝织品的生物学证据：在该遗址的两处墓葬人遗骸腹部土壤样品中，检测到了蚕丝蛋白的残留物。同时，考古学家通过对综合遗址中发现的编织工具和骨针进行分析，推测 8500 年前的贾湖居民已经掌握基本的编织和缝纫技艺，并有意识地使用蚕丝纤维制作丝绸。

此外，还在山西夏县西阴村仰韶文化遗址中发现了约 4000 年前的茧壳；特别是浙江钱山漾良渚文化遗址出土了约 4200 年前的一批丝线、丝带和没有炭化的绢片，无可辩驳地表明中国是蚕丝起源的国度。

（二）种桑

从文字上看，我国殷商时代的甲骨文就出现了“桑”“蚕”“丝”等字。其中“桑”字有多种字形，象的就是桑树之形：

桑　甲骨文　合集 1444、合集 h10058a、续 3·31·9

桑　简帛 战国 睡虎地秦简·法 7

图 5.3

桑

图 5.4

后来的字形把树枝树叶讹变为表示三个人手的“叒”，才有了今天的样子。

此外，“桑林”“桑土”“桑田”等词在我国早期典籍中也比比皆是。比如《尚书·禹贡》里有“桑土既蚕，是降丘宅土”的记载。而《诗经》里就更多了，十五国风几乎篇篇都有，比如《诗经·鄘风·定之方中》讲“星言夙驾，说于桑田”；比如《诗经·陈风·桑中》讲“美孟姜矣，期我乎桑中，要我乎上宫”；再如《诗经·豳风·七月》讲“遵彼微行，爰求柔桑”；等等。

由于种桑养蚕在上古时代生产生活中具有极其重要的地位，桑树往往被神化，成片栽种于宗庙周围。

相传商汤之时大旱，商汤就曾亲自来桑林祭祀求雨，得到了“四海之云凑、千里之雨至”的回应。《墨子·明鬼下》也有“燕之有祖，当齐之社稷，宋之有桑林，楚之有云梦也”的记载。

因此桑树、桑林往往被古人认为是与天相通的地方，比如三星堆出土的商青铜神树极有可能就是以桑树为原型的神树“扶桑”。[1]

桑 小篆 说文

桑 隶书 唐 叶慧明碑

桑 楷书 唐 褚遂良

桑 行书 北宋 米芾

图 5.5

商青铜神树

图 5.6

① 一般认为，古籍中的“扶桑”不是指今天的扶桑花，而是指桑树。

同时，相传因有大片桑林而得名的地区空桑，还是商朝名相伊尹和圣人孔子的出生地。

其实，就桑树而言，其叶可以养蚕，其果桑葚可以食用、酿酒，其皮可以造纸，其木可以做弓，叶、果、根、皮皆可入药，可谓是多功能的经济作物。桑树在很早就被我国先民所喜爱，与梓树一道，栽种于房前屋后，与华夏文明伴生，所以就有了“桑梓之地，父母之邦”的说法，久而久之，“桑梓”成了故乡、家乡的代名词。

同时，先民因生于斯，青年男女也往往在桑林中幽会，就有了“桑间月下”“桑中之约”“桑中之喜”“桑间之音”等表示青年男女约会、结合的成语。

此外，先民们根据太阳落山时，阳光照在桑树和榆树上的景象，也有了把“桑榆”比作人生晚年的惯例。我们后来的“桑榆晚景”“桑榆年”“桑榆暖”等，都是从这里来的。

还有刘禹锡的名句“莫道桑榆晚，为霞尚满天”；王勃《滕王阁序》的“北海虽赊，扶摇可接；东隅已逝，桑榆非晚”；等等。

当然，若说关于桑树的千古名句，还得是陶渊明的《归园田居五首（其一）》：

少无适俗韵，性本爱丘山。
误落尘网中，一去三十年。
羁鸟恋旧林，池鱼思故渊。
开荒南野际，守拙归园田。
方宅十余亩，草屋八九间。
榆柳荫后檐，桃李罗堂前。
暧暧远人村，依依墟里烟。
狗吠深巷中，鸡鸣桑树颠。
户庭无尘杂，虚室有余闲。
久在樊笼里，复得返自然。

（三）养蚕

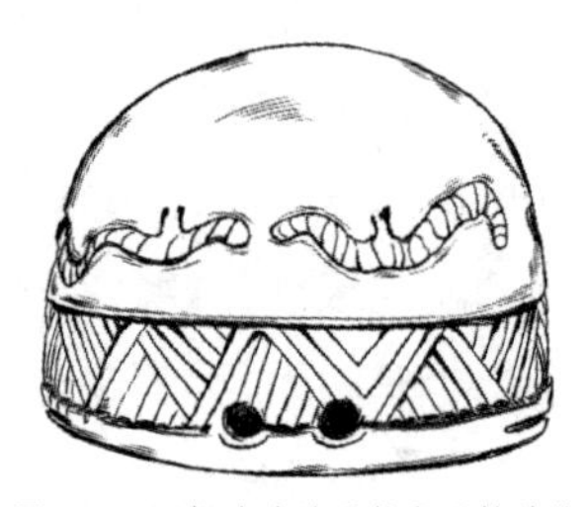

图 5.7　河姆渡遗址蚕纹象牙杖首饰

这是河姆渡遗址出土的蚕纹象牙杖首饰、双槐树遗址出土的牙雕蚕和陕西石泉县前池河出土的西汉鎏金铜蚕，分别代表了 7000 年前、5300 年前和 2000 余年前的先民们对于蚕的刻画，充分显示了中华先民对于蚕的喜爱。

图 5.8　双槐树遗址出土的牙雕蚕

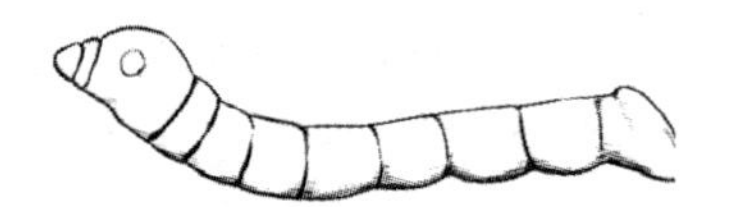

图 5.9　西汉鎏金铜蚕，1984 年在陕西石泉县前池河出土，呈老熟蚕昂首吐丝状，现收藏于陕西历史博物馆

蚕原产中国。

野桑蚕在上古时期被中华先民选中后，经过长期的驯化、选育以及改良，茧丝产量和质量发生了翻天覆地的变化，同时逐渐适应了被人类驯养的生活方式——逐步失去了野外生存能力，成为完全依靠人类生存的昆虫。

从文字上看，“蚕”本写作“蠶”，《说文》讲：“蠶，任丝也。”“任”即“妊”，意思是蚕为孕丝之虫，这是就蚕的特点而进行的描述。

甲骨文中“蚕”（“蠶”）字与“虫”（“蚰”“蟲”）字雷同（虫、蚰、蟲之别不表），同时蚕为虫种，因此在与“蚕”相关的文字中，基本用“虫”字符表示“蚕”。

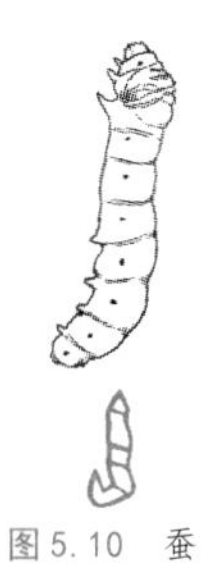

图5.10　蚕

蚕[1]　甲骨文 甲骨文字典

蚕　小篆 说文

蚕　简帛 西汉 马王堆·胎产书 6

蚕　隶书 东汉 张迁碑

蚕　楷书 唐 颜真卿

蚕　楷书 元 鲜于枢

蚕　行书 明 唐寅

蚕　草书 明 王铎

图5.11

① 有观点认为此字形不是蚕，此处不采。

虫　甲骨文　合集 1843、合集 22296

虫　金文 商或西周早期 虫爵

虫　金文 战国 鱼鼎匕

虫　简帛 战国 上博楚竹书八・兰赋 3

虫　小篆 说文

虫　楷书 唐 颜真卿

虫　行书 唐 褚遂良

虫　草书 元 赵孟頫

图 5. 12

蚰　甲骨文　合集 7009

蚰　金文 战国 鱼颠匕

图 5. 13

蟲　简帛 战国 郭店楚简・老子甲 .21

蟲　小篆 说文

蟲　楷书 唐 褚遂良

蟲　行书 元 赵孟頫

蟲　草书 唐 孙过庭

图 5. 14

比如，被认为表示“蜀蚕”“蜀国”及其开国君主蚕丛（蠶叢）在养蚕的“蜀”字。

图5.15是“蜀”的上古字形及其流变。

蜀　甲骨文　林泰辅2·30·6、京津1295

蜀　周原甲骨H11：68

蜀　金文 西周 班簋

蜀　简帛 战国
上博楚竹书一·孔子诗论16

蜀　小篆 说文

蜀　隶书 东汉 羊窦道碑

蜀　楷书 唐 颜真卿

蜀　行书 北宋 黄庭坚

蜀　草书 元 赵孟頫

图5. 15

《说文》讲：“蜀，葵中蚕也。从虫，上目象蜀头形，中象其身蜎蜎。”认为“蜀”就是蚕的一种，上面的“目”代表蚕头，中间代表蚕身卷曲蠕动。

但也有观点猜测，“蜀”字本身表示的就是蜀国的开国君主“蚕从（蠶叢）”；字形由表示纵目的“目”，表示人身体的“人”和表示蚕的“虫”组成，合起来就是手持蚕虫的纵目人。因此也有观点推测由蚕从开创的蜀国本身就是一个善于养蚕的国度。

《华阳国志》讲：“周失纪纲，蜀先称王，有蜀侯蚕从，其目纵。”而这也与三星堆出土的青铜纵目面具，相关甲、金文字形互相印证。

此外，我们熟悉的李白《蜀道难》“蚕从及鱼凫，开国何茫然！尔来四万八千岁，不与秦塞通人烟”中，也有提到。

目　甲骨文　合集 0601

目　金文 商 目爵

目　小篆 说文

目　简帛 战国 上博楚竹书二·民之父母 6

目　楷书 唐 颜真卿

目　行书 北宋 黄庭坚

目　草书 东晋 王羲之

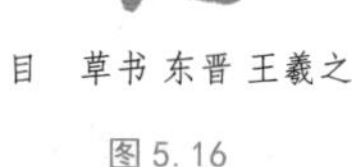

图 5.16

图 5.17　目

人　甲骨文　合集 0001

人　金文 商 作册般甗

人　小篆 说文

人　简帛 战国 上博楚竹书一·缁衣 24

人　隶书 东汉 礼器碑

人　楷书 唐 颜真卿

人　行书 唐 李邕

人　草书 元 赵孟頫

图 5.18

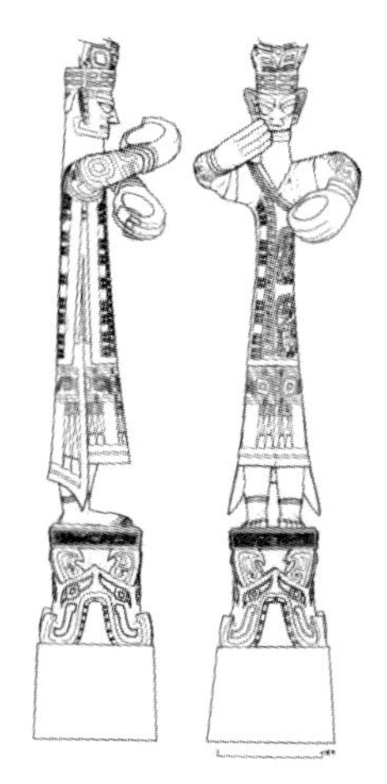

图 5.19　三星堆遗址青铜大立人

我国历史上描写养蚕的诗歌太多，特别是李商隐的那首《无题》：

相见时难别亦难，东风无力百花残。
春蚕到死丝方尽，蜡炬成灰泪始干。
晓镜但愁云鬓改，夜吟应觉月光寒。
蓬山此去无多路，青鸟殷勤为探看。

当然，还有一首北宋诗人张俞的《蚕妇》，用词直白却内涵深刻，其实颇为震撼，足堪“千古名句”：

昨日入城市，
归来泪满巾。
遍身罗绮者，
不是养蚕人。

（四）茧蛹

1. 作“茧”自缚

蚕吃桑叶成熟后，便吐丝成茧，化蛹成蛾，故《说文》言：“茧，蚕衣也。”“蛹，茧虫也。”“蛾，蚕化成虫。”

蚕吐丝结茧，正如“茧”的古字形：

茧　简帛 战国 睡虎地秦简·日甲 13 背

茧　小篆 说文

图 5.20

其基本就是一只蚕（“虫”），不断吐出丝（“糸”），并将自己缠绕成壳“”的会意字。

本义就是蚕成蛹前吐丝成的壳。这也是成语“作茧自缚”的来历。

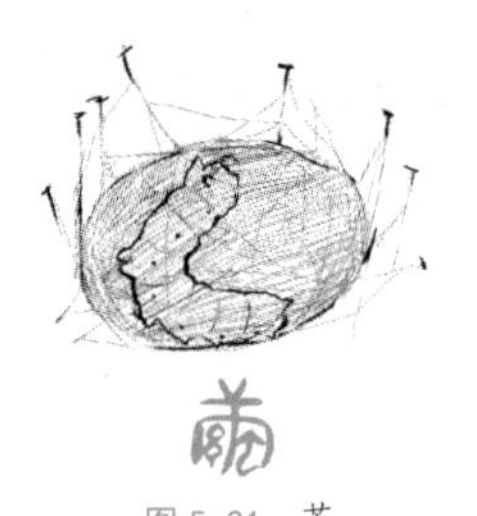

图 5.21　茧

茧　说文古文

茧　隶书 西汉 马王堆

茧　楷书 清 张若霭

茧　草书 明 丰坊

图 5.22

2. 化“蛹”登仙

蛹则比较简单，《说文》讲“蛹，茧虫也。从虫，甬声”，本义就是蚕蛹。这是“蛹”的小篆字形：

蛹　小篆

图 5.23

其中“虫”字不言而喻，而“甬”字多有意见。这是“甬”的古字形：

甬　金文 西周 录伯冬从戈簋盖

甬　小篆 说文

甬　简帛 战国 郭店楚简·老子甲 29

图 5.24

“甬”字有表示钟铃、桶、甬道等多种说法，但不管哪种说法，都有桶状容器的意思在里边。“虫”在“甬”中，自然就是“蛹”了。

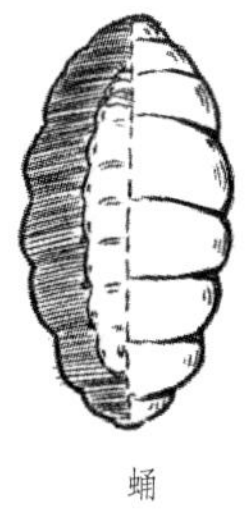

蛹

图 5.25

据悉，蚕结茧 4 天后，就会变成蛹，经过将近半月时光，就会破茧成蛾，这个过程被古人称为“羽化”。由于在羽化时，其生命形态发生了神奇的变化，所以常常被古人崇拜。

这些是我国早期文明遗址出土的石制、陶制蚕蛹，不仅昭示了我国养蚕业的早熟，还从侧面反映了先民对于蚕、对于生命的理解。

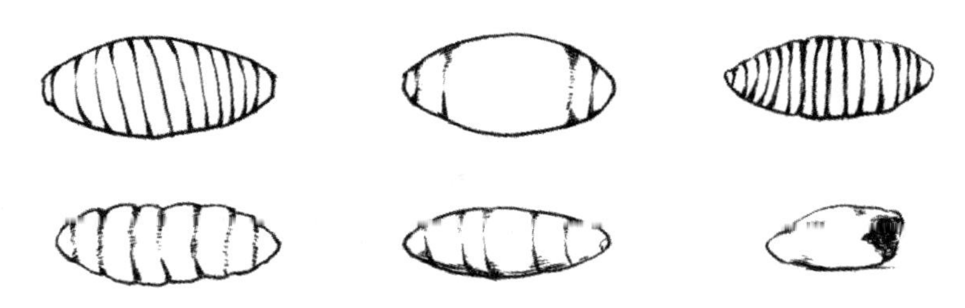

图 5.26 夏县师村遗址出土的石制、陶制蚕蛹，距今 6000 多年

值得一提的是，同时期仰韶文化遗址还出土了古人的瓮棺葬遗存。在这样一种丧葬方式中，人死亡后会被放入陶制瓮棺中下葬，形似蚕蛹；同时还要在瓮棺上部开一小孔，以期灵魂升天，也可以看出华夏先民基于“破茧成蛾”而产生的“复活”“灵魂升天”“羽化成仙”的美好愿望。

郭沫若先生在参观半坡遗址瓮棺葬的时候，曾形象地描述：“半坡小儿冢，瓮棺盛尸骸。瓮盖有圆孔，气可通内外。”

（五）绎茧

丝绸制造涉及种桑、采桑、养蚕、买卖蚕茧、缫丝、丝织等多个生产环节，能够直观反映相应环节的汉字有很多，比如表示抽丝环节的字“绎”。

图 5.27 是“绎”的古文字及其流变。

绎　简帛 战国
睡虎地秦简·日甲 13 背

绎　小篆 说文

绎　楷书 唐 颜真卿

绎　行书 明 董其昌

绎　草书 明清 朱耷

图 5.27

字形上从糸，从睪，由表示丝线的“糸”和表示解除的“睪”组成。一般认为，“睪”为“斁”省，“斁”字象以“攴”解除手铐、桎梏（“幸”）之形，本义是“解除”。“斁”省与“糸”合起来，就是解除茧壳抽丝的意思。

《说文》所讲“绎，抽丝也”就是它的本义。

因为抽丝时的状态是连续不断的，“绎”字也就有了连续不断之义，我们后来的“络绎不绝”就是从这里来的。

又因为“抽丝剥茧”是拽住一根丝一点点抽出来的，“绎”字也就有了一点点说出来的“陈述”的意思，我们后来的“演绎”“讲绎”“铺绎”“论绎”也由此而来。

斁　金文 战国 中山王壶

斁　小篆 说文

斁　楷书 元 赵孟頫

斁　行书 南宋 朱熹

图 5.29

图 5.28　绎　抽丝

（六）缫丝

相较麻纤维、树皮纤维等植物短纤维，蚕丝要长得太多，每一个春蚕蚕茧的丝长度都在1000米以上。但前提是，需要我们耐心，把它一根根抽出来。

抽丝时，需要先把蚕茧泡在一定温度的热水中，以便化开蚕茧中的胶质物，然后找到丝的头绪，一点点抽出来，最后缠到竹架上，这就是“绎茧为丝”的整个过程了，而这个过程就是缫丝。

《说文》中“缫，绎茧为丝也”，讲的就是缫丝的这一过程。

1.说“缫”

“缫”字由一个表示丝线的“糸”和“巢”字组成：

其中的“巢”字，就是鸟巢的象形。

图5.30　巢

图5.31　缫丝示意图

缫　小篆 说文

缫　行书 明 王守仁

巢　甲骨文　新甲骨文编 西周 H11 ：110

巢　金文 西周 班簋

巢　小篆 说文

巢　简帛 西汉 马王堆·老子乙本卷前古佚书 145

巢　行楷 唐 李邕

巢　草书 明 王铎

图5.32

也许在古人眼中，“鸟儿的巢”和“蚕虫的茧”是一回事。所以，这里的“巢”字符应该代指蚕茧。“巢”加上“糸”，就是从茧中抽丝的过程，正是“缫”的本义。

当然也有观点从“缫”的小篆字形出发，指出其中有丝线“糸”，有煮茧的水，有抽丝的手，有缠绕丝的木架，合起来就是缫丝的过程，可备一说。

2. 索“绪”

同时，既然要抽丝，就要先从蚕茧上找到丝的一端，这个丝端就是汉字中的“绪”，右是“绪”的古文字及其流变。

可以看出，“绪”字就是由一个表示丝线的“糸”和一个表音的“者”组成，本身就是丝端、丝头的意思。

图 5.33　索绪示意图

绪　简帛 战国 清华简一·保训 7

绪　简帛 楚包 2·263

绪　小篆 说文

绪　东汉 隶书 赵君碑

绪　楷书 唐 欧阳通

绪　行书 明 文徵明

绪　草书 明 王铎

图 5.34

一般来讲，在缫丝的工序中，将无绪的茧放入盛有90℃左右热水的索绪锅内，使索绪帚与茧层表面相互摩擦，进而索得头绪的工序，被称为“索绪”；除去有绪茧茧层表面杂乱的绪丝，理出正绪的工序，被称为“理绪”；将若干粒正绪茧的绪丝合并，经接绪装置轴孔引出，穿过集绪器叫“集绪”；此外还有“添绪”“接绪”；等等。

所以“绪”字在后来的使用中，多引申为事物的开端、头绪等。

比如我们讲诸事繁杂叫“千头万绪”；讲思想的头绪叫“思绪”；讲情感的状态叫“情绪”；写在书籍、文章前，阐明主旨的部分叫作“绪论”“绪言”；等等。

表示丝端、头绪的，除了“绪”字，还有我们经常用到的“统”字和“纪”字。

右是“统”的文字流变。

《淮南子·泰族训》讲：“茧之性为丝，然非得工女煮以热汤而抽其统纪，则不能成丝。”

《说文》也讲：“统，纪也。从糸，充声。”可见，“统”的本义是丝的头绪。后来也因此引申出“一脉相承的连续关系”“统率”“统一”“准则”“总括”等意思。

我们现在常讲的“道统”“法统”“正统”“国统”“体统”“总统”“系统”“大一统”“统一大业”“统筹兼顾”等也都由此而来。

至于“纪”字，我们后文详述。

统 小篆 说文

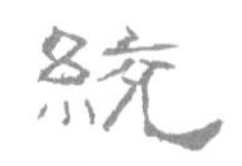

统 隶书 东汉 礼器碑

统 楷书 唐 钟绍京

统 行书 明 朱瞻基

统 草书 明 沈粲

图5.35

3. 成“丝”

蚕茧经过缫丝工序后，抽取出来的丝呈现出人工梳理后的有序状态，就是“丝”。

“丝”由两个“糸”组成，“糸”字在今天已经很少单独使用，更多是放在其他的字中表意，也就是我们今天称“绞丝旁”的“纟”。

两个表示交结丝线的“糸”合起来，就是我们今天的“丝”字。右是“丝”的古文字及其流变，表示的也是丝线的意思。

糸 甲骨文 合集3191b

糸 金文 商 子父癸鼎

糸 小篆 说文

糸 隶书 清 吴大澂

糸 楷书 六朝碑文

图 5.36

糸

图 5.37

丝

图 5.38

丝 甲骨文 合集3193

丝 金文 西周 寓鼎

丝 简帛 战国 睡虎地秦简·法11

丝 小篆 说文

丝 隶书 东汉 衡方碑

丝 楷书 唐 欧阳询

丝 行书 东晋 王羲之

丝 草书 元 赵孟頫

图 5.39

（七）生绡

缫丝完毕后，抽出来的丝依然含有约20%的丝胶成分，富于光泽的丝质被丝胶包覆在内，因此质感稍硬，呈半透明状，于是被人们称为“生丝”，而生丝也有一个专属的汉字“绡”。

当然，后来的“绡”也表示生丝织成的织物。

绡　小篆 说文

绡　简帛 西汉 马王堆

绡　楷书 元 赵孟頫

绡　行书 清 雍正

绡　草书 明 徐渭

图5.40

（八）结束

生丝经过人工整理，必然呈现出一束束捆扎的状态，把这样的状态进行象形，就是我们常说的“束缚”的“束”，本义就是束缚。

同时，丝抽出后，再将其整理在一起成为“束”的过程就叫“结束”。

由于“结束”工序表示完成，所以今天“结束”这个词已经普遍引申到指一个事物的结束，而不仅仅是缫丝的结束。

束

图 5. 41

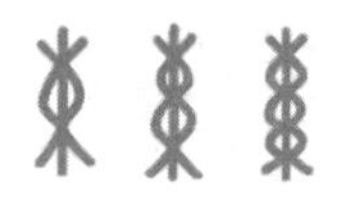

束　甲骨文 合集 3189b、合集 3192c、合集 3192d

束　金文 商 戉铃方彝

束　小篆 说文

束　简帛 战国 睡虎地秦简·秦律十八种 8

束　隶书 东汉 孔彪碑

束　楷书 唐 褚遂良

束　行书 北宋 米芾

束　草书 唐 怀素

图 5. 42

（九）总（總）结

“结束”这一过程，也可以用一个字表示，就是“总（總）”。

右是“总（總）”的古文字与后世流变。

可以看出，“总（總）”字从“糸”，“悤”[①]声，而“悤”是聪（聰）明的“聪（聰）”的本字，本义是聪明，在字形上，本身就是心有窍、通达万物、汇总万物于内心之义。

所以，《说文》讲：“總，聚束也。”其本义就是聚丝成束，进而有聚合、汇总之义。

我们今天常说的“总和”“总计”“汇总”“总统”“总理”等都是从这里来的。

特别是聚丝成束的最后一步需要打结确保稳固不散乱，也就是“总结”。

同样，今天“总结”这个词，已经不单单指对丝束进行打结，而是普遍指对某一事务的阶段性完成情况进行回顾分析。

总　简帛 战国 睡虎地秦简·秦 54

总　小篆 说文

总　隶书 东汉 鲁峻碑

总　楷书 唐 张旭

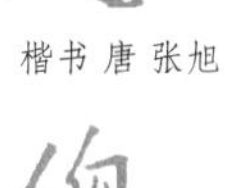

总　行书 明 王铎

总　草书 元 邓文原

图 5.43

悤　甲骨文　合集 5346

悤　金文 西周 番生簋

悤　简帛 战国 睡虎地秦简·日甲 158 背

悤　行楷 北宋 黄庭坚

悤　小篆 说文

图 5.44

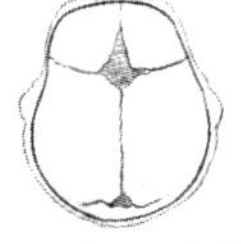

囟

图 5.45

---

① “悤”亦是“匆”和“忽”的本字，在此不展开。

（十）冬（终）结

而“总结”的最终结果，也可以用一个字表示，这个字就是“冬（终）”，右是“冬（终）”的上古字形及其流变。

从字形可以看出，“冬（终）”的本义就是在丝束的两端打结，就是“结束”。后来才引申到一年的结束时节为“冬”，进而引申出冬季等概念。字形上也添加了表示冰冻的两点“仌（冰）”，成为我们今天的“冬”字。

冬

图 5.46

冬 甲骨文 合集 3100、合集 3100a

冬 金文 西周 追簋 追簋盖

冬 简帛 战国 睡虎地秦简·秦律十八种 90

冬 小篆 说文

冬 隶书 三国 三体石经残石

冬 楷书 唐 颜真卿

冬 行书 东晋 王羲之

图 5.47

而“冬”本义又是结束，只好在“冬”旁边加上“糸”，另造新字“终”替代。

今天我们常用的“始终”“终结”“终于”“终身”“终极”“善终”“从一而终”“善始善终”等，都是从这里来的。

终　简帛 战国 睡虎地秦简·秦律十八种 171

终　小篆 说文

终　隶书 东汉 孔宙碑

终　楷书 唐 欧阳询

终　行楷 隋 智永

终　草书 东晋 王羲之

图 5.48

（十一）练丝

缫丝之后就是练丝。

练丝就是进一步去除生丝上的丝胶和杂质，使生丝更加白净、柔软的过程。

练丝的工艺和缫丝相似，据《周礼·考工记》记载，把生丝放进含有碱性物质的热水中煮、浸后，取出在日光下暴晒，这样反复数次，利用水温和水中的碱性物质继续脱掉丝上多余的丝胶和杂质，同时利用紫外线起漂白作用，使丝变得柔软而且具有独特的光泽。

一般来讲，我国传统上常用的碱性物质是楝木灰、蜃灰或乌梅汁。因此，这种方法也被称为“草木灰浸泡兼日晒法”。

图 5.49 练丝

我们可以看看“练”的字形。

练 简帛 战国 郭店楚简·五行 39

练 小篆

练 隶书 东汉 张迁碑

练 楷书 唐 柳公权

练 行书 北宋 苏轼

练 行草 东晋 王羲之

图 5.50

“练”字，从糸，从柬，柬亦声。《说文》讲：“柬，分别简之也。从束，从八。八，分别也。”其本身就是挑选的意思；而也有观点指出“柬”是“熏”的省形，本义是火熏，那么“练”自然是加温以使其去芜存菁。

当然，不管哪种原因，其表示反复洗练是一定的。

《说文》就讲：“练，湅缯也。”[1]朱骏声《说文通训定声》“煮丝令熟曰练”，指的就是进一步去除生丝帛上的丝胶和杂质，使丝更加柔软洁白，以利于染色和纺织。

因为这一工序需要反复煮、洗、晒，去除丝胶和杂质，所以“练”就有了“训练”之义，我们常说的“练习”“训练”“磨练”“历练”也就应运而生。

柬　金文 西周早期 新邑鼎

柬　简帛 战国 郭店楚简·五行 22

柬　小篆 说文

柬　楷书 北宋 黄庭坚

柬　行书 明 王铎

柬　草书 元 赵孟頫

图 5.51

① 练、湅二字关系不展开。

由于练出的丝更加干净、洁白、柔软，所以“练”也就有了“干练”“精壮”等义。

练丝直接影响着将来丝织品的质量，历来习惯把已练的丝叫“熟丝”，未练的丝叫“生丝”，我们今天讲的“熟练”一词也因此而来。

此外，古代练丝帛的方法还有“猪胰煮练法”和“木杵捣练法”。比如我国唐代画家张萱绘制的《捣练图》，就生动地记载了唐代城市妇女用木杵反复捶捣煮过的生丝帛，以去除丝胶、使其洁白柔软的过程。

图 5.52 《捣练图》局部 唐 张萱

（十二）纯熟

前文曾讲“绡”是生丝，而熟丝也可以用一个字表示，就是“纯”[①]。

纯　金文 战国 陈纯釜

纯　简帛 战国 包山楚简丧葬·简 261

纯　小篆 说文

纯　隶书 东汉 鲁峻碑

纯　楷书 唐 欧阳询

纯　行书 明 董其昌

纯　草书 东晋 王羲之

图 5.53

① 邵湘萍：《从〈说文·糸部〉字看中国古代丝织业》，《襄樊学院学报》1999 年第 3 期。另，纯也表示纯色的丝织品。

纯，从糸从屯，就是一个表示丝线的“糸”和一个表示草木出生发芽状态的“屯”组成，取的就是屯初始之义，合起来就表示熟丝脱去丝胶、杂质，呈现出洁白无瑕未经染色的本真状态。

所以我们后来常常用“纯”表示“纯粹”“精纯”“美”“善”等意思，如《诗经·周颂·维天之命》讲“文王之德之纯”，朱熹《诗集传》表示“纯，不杂也”，《礼记·郊特牲》说“告幽全之物者，贵纯之道也”。我们今天讲的“纯熟”“纯洁”“纯粹”“纯白”“纯真”“纯正”“纯净”等都是从这里来的。

特别是“纯熟”一词，本身就特指生丝洗练到位、捶练到位的状态，后来才引申到不断训练，使某种技艺、事物达到熟练、精通的状态。

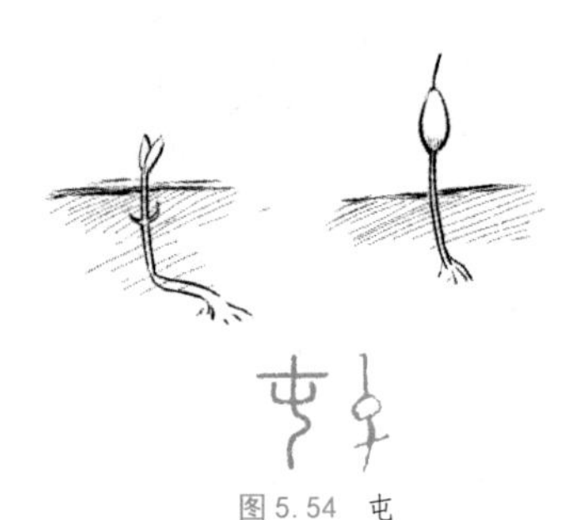

图 5.54 屯

屯 甲骨文 合集 28008

屯 金文 西周 史墙盘

屯 简帛 战国 曾侯乙墓竹简

屯 小篆 说文

屯 隶书 东汉 沈君神道阙

屯 楷书 清 雍正

屯 行书 元 赵孟頫

屯 草书 当代 毛泽东

图 5.55

（十三）分“级”

无论是生丝——“绡”，还是熟丝——“纯”，制作完成后，一定会有品相好的和品相坏的，为了更好地售卖，须分别拣选出来，于是就有了“级”。《说文》所说“级，丝次弟也”，讲的就是丝的好坏、等级。

“级”字由“糸”和“及”组成。而“及”字由表示人手的“又”和“人”组成，会的是“以手抓人”之意，本身就有追及、捕获的意思，后来又引申出达到等意思。

图5.56　及

及　甲骨文　合集0061

及　金文　西周　保卣

及　简帛　战国　睡虎地秦简·语书1

及　小篆　说文

及　隶书　东汉　孔宙碑

及　楷书　唐　褚遂良

及　行书　唐　孙过庭

及　草书　东晋　王羲之

图5.57

所以我们今天才会使用“及时”“及第”“鞭长莫及”“推己及人”“爱屋及乌”等词。

而当表示细线的“糸”和表示达到的“及”合起来成为“级”时，必然就有丝线达到某些状态、要求的意思。

所以“级”的本义就是丝的等级和级别。我们今天所说的“班级”“年级”“阶级”“品级”“高级”“初级”“超级”等，都是从这里来的。

蚕丝练好后，就可以上机织物了。

织就的品种有绸、缎、绫、罗、绉、纱、绢、绡、丝绒等，质地精美，绚丽多彩，在人们的生活当中扮演了相当重要的角色。

级　简帛 战国 睡虎地秦简·秦155

级　小篆 说文

级　楷书 东晋 王羲之

级　行书 当代 郭沫若

级　草书 明 祝允明

图5.58

因此，历史上相关典籍和文学作品可谓多如牛毛、俯拾皆是。

比如《夏小正·三月》中有“摄桑委扬”之句，说的是修剪桑树，去掉扬出的枝条；比如《诗经·魏风·十亩之间》有“十亩之间兮，桑者闲闲兮”；比如《孟子·梁惠王上》，有“五亩之宅，树之以桑，五十者可以衣帛矣”的名句，说的是农民只要有土地用来种粮树桑养蚕，便可衣食无虞；再比如《史记·货殖列传》也曾讲“齐带山海，膏壤千里。宜桑麻，人民多文彩布帛鱼盐”“邹、鲁滨洙、泗……颇有桑麻之业”；等等。

但描写丝绸织品最详细的，当数白居易的《红线毯》：

红线毯，择茧缫丝清水煮，拣丝练线红蓝染。
染为红线红于蓝，织作披香殿上毯。
披香殿广十丈余，红线织成可殿铺。
彩丝茸茸香拂拂，线软花虚不胜物。
美人踏上歌舞来，罗袜绣鞋随步没。
太原毯涩毳缕硬，蜀都褥薄锦花冷。
不如此毯温且柔，年年十月来宣州。

图5.59 《红线毯》想象图

宣城太守加样织，自谓为臣能竭力。

百夫同担进宫中，线厚丝多卷不得。

宣城太守知不知，一丈毯，千两丝。

地不知寒人要暖，少夺人衣作地衣。

唐朝时，用蚕丝织就的地毯被称为“线毯”。《红线毯》一诗，不仅将线毯制作的“绎茧”“缫丝”“练丝”“染色”“织就”等工序和红线毯的大小、松软、美观程度进行了详细的描述，还发出了“宣城太守知不知，一丈毯，千两丝。地不知寒人要暖，少夺人衣作地衣”的责问和感叹，充满着现实主义的观照和人文关怀。再加上那首《卖炭翁》中的名句：“一车炭，千余斤，宫使驱将惜不得。半匹红纱一丈绫，系向牛头充炭直。”白居易不愧为“新乐府运动”的领袖。

纵观整个丝绸业，从种桑到采桑，从养蚕到缫丝，再从染色到丝织，看起来容易，干起来却很难。每一个具体的步骤都需要艰辛曲折的尝试与探索，每一处细节都体现着华夏人民的勤劳、智慧、坚韧和创新精神。华夏人民作为丝绸业的发明者和先行者，不仅利用其让自己的生活变得更加美好，也为全人类贡献了巨大的物质财富和精神财富。

虽然学界一般认为，自西汉时期（公元前2世纪）张骞“凿空”西域，开辟丝绸之路，中国丝绸便从此外传，并辗转传入西方。但伴随着相关研究的深入，发现在汉朝之前，就有秦商沿着“古丝绸之路”进行贸易[①]，只是不及“凿空”后汉朝对于西域与“丝绸之路”的经营；而在海上，早在河姆渡文化时期，就有中华先民乘着木船，将丝绸、稻米、陶器等带向菲律

---

①赵沛、李刚：《论秦商在古丝绸之路贸易中的历史地位和作用》，《西南大学学报》2017年第2期。

宾、婆罗洲、新西兰、塔希提、日本、夏威夷等环太平洋地区；到了后来，古人更是以杭州、泉州为基地，以丝绸、茶叶为主要商品，探索出了“海上丝绸之路”，使丝绸与中华文化广播于全球。

中国丝绸以其轻盈、舒适、品质好、花色精、种类多、绣工巧征服了世界，不仅对世界纺织技术的发展起到了不可磨灭的重大作用，也使得汉朝在国际贸易中占据主导地位[①]，与中亚、西亚以及欧洲、非洲的交往也日渐密切。

---

① 董莉莉：《丝绸之路与汉王朝的兴盛》，博士学位论文，山东大学，2021。

玄化万千

文化是人类认识和改造自然和社会中一切思考、智慧的总结。我们今天的很多语言、文字、比喻甚至思考方式都来自过往的生产生活实践。

中华文字作为这样一种精神的现实载体，客观、广泛、深入地反映了当时的社会现实和文化。前文已经讲过，克服、求索、朴素、成绩、专业、传说、头绪、道统、总结、终结、级别、练习、纯熟、络绎不绝、统一战线等这样一些经常使用的词语，已经远远脱离了纺织工作的框架，但无一不源自我们先人发明创造的纺织工作。所谓“日用而不觉”，大抵就是这个道理。

所以下面，我们就再讲一些起源于丝线又不止于丝线的字，大可从中一窥中华文字与生产生活之间的妙趣。

“玄”之又玄

比如前文讲的“玄”。

“玄”的古文字象丝线之形，应与“糸”“幺”一字分化，与“丝”“弦”“幻”等字同源。

最初应该是表示丝线的旋转、扭绞之义，进而引申为旋转的动作，旋转容易使人头晕眼黑，不可捉摸，所以是“玄”。因此，玄也表示“黑色”“深奥”“玄妙”等意思。所以有“玄鸟”“玄燕”“玄羽”“天地玄黄”等词语来表示黑色或黑中带赤的颜色。

同时也有《老子》讲“玄之又玄，众妙之门”，唐朝吕洞宾也有“妙妙妙中妙，玄玄玄更玄”的诗文，用来表示“玄妙”“深奥”等意思。

而最初的“旋转”之义，只好用“旋”代替。

当然，也有观点认为“玄”的本义表示悬挂的丝、染成黑色的丝等，都有道理，供大家参考。

玄　甲骨文　合集33276

玄　金文 商 集成8296

玄　金文 西周中期 集成2816

玄　简帛 战国 上博楚竹书二·子羔12

玄　小篆 说文

玄　隶书 东汉 礼器碑

玄　楷书 南北朝 始平公造像记

玄　草书 明 祝允明

图6.1

（一）表示丝线细小的字

1. “幺”妹儿

“幺”与“玄”古文同字。

后来产生了分化：

玄　金文 西周中期 集成2816

图6.2

幺　小篆 说文　幺　行书 当代 颜家龙

图6.3

《说文》讲“幺，小也。象子初生之形”，其本义是对的，但却未必是“象子初生之形”。一般认为，“幺”与“玄”“糸”“丝”等皆一字分化[①]，是丝线的象形。分化后，“幺”单独表达丝线的“小”“幼”等特性。

因此，“幺”就是小。《尔雅 · 释兽》注称最后出生的小猪为“幺豚”；苏轼《异鹊》“家有五亩园，幺凤集桐花”里的“幺凤”是指传说中体形较小的凤鸟。直到现在，我们如四川、湖南、山东等地还有“幺妹儿”“幺叔”“幺儿”的说法。

① 高明《古文字类编》曰“幺与玄古同字”；李孝定《金文诂林读后记》卷四曰“玄字金文作‘8’，与幺字无别”；马叙伦《说文解字六书疏证》卷八曰“其实幺玄糸系絲皆是一字”。

2.“幼”苗

这个“幼”字，就是由一个表示细小的“幺（玄、糸）”和一个表示人筋的“力”组成，会的就是力量弱小之意，进而扩展为小。[1] 之后又引申为“初生”“爱护”等意思。

历史上很早就用“幼”来表示“年少”“幼儿”“幼年”“初生”等意思。如西周的禹鼎就有“勿遗寿幼”，意思是老人和小孩不要遗漏。比如唐朝韦庄《秦妇吟》有名句“妆成只对镜中春，年幼不知门外事”。

直到今天我们还在使用，比如“幼儿园”“尊老爱幼”“长幼有序”“幼苗”“幼虫”“幼芽”“幼体”等。

幼 甲骨文

幼 金文 西周 禹鼎

幼 简帛 楚包 2·3

幼 小篆

幼 隶书 东汉 孔宙碑

幼 楷书 唐 褚遂良

幼 行书 北宋 黄庭坚

幼 草书 唐 白居易

图 6.4

力 甲骨文 合集 22370

力 金文 春秋 叔尸钟

力 石刻 战国 诅楚文

力 小篆 说文

力 隶书 东汉 景君碑

力 楷书 北魏 孟敬训墓志

力 行书 北宋 黄庭坚

力 草书 东晋 王羲之

图 6.5

---

① 一说“力”象翻土农具耒之形。

3. 曲径通“幽”

由于“丝（玄、幺）”作为丝线，太过细小，只有拿到“火”旁边才能看清楚，所以就有了这个“幽”字：

图6.6　幽　示意图

幽　甲骨文合集3126

幽　金文 西周 史墙盘

幽　简帛 楚 九56・45

幽　小篆 说文

幽　隶书 东汉 白石神君碑

幽　楷书 唐 欧阳询

幽　行书 东晋 王羲之

幽　草书 明 祝允明

图6.7

其本义应该是细小或幼细，后来才引申出“昏暗”“僻静”“隐匿”等义。

所以《说文》讲“幽，隐也”。我们今天常讲的“曲径通幽”“幽怨”“幽远”“幽灵”“幽会”“清幽”等都是从这里来的。

所以王羲之《兰亭集序》会讲“一觞一咏，亦足以畅叙幽情”；南北朝的王籍也会有“蝉噪林逾静，鸟鸣山更幽”的名句；特别是唐朝王维的那首《竹里馆》，颇具文人的浪漫主义色彩，王维不愧“诗佛”之称。

独坐幽篁里，弹琴复长啸。
深林人不知，明月来相照。

4.“显（顯）”而易见

同样，如果我们“人”把细小的、看不清楚的“丝”拿到太阳（“日”）底下，睁大眼睛［“首（目）”］仔细地看，细小的“丝（玄、幺）”也就能够“显（顯）”现在我们眼中。[①]

而这个“显（顯）”字的上古字形所会意的就是这样一个场景，和我们常用的一个成语“显而易见”可谓如出一辙。

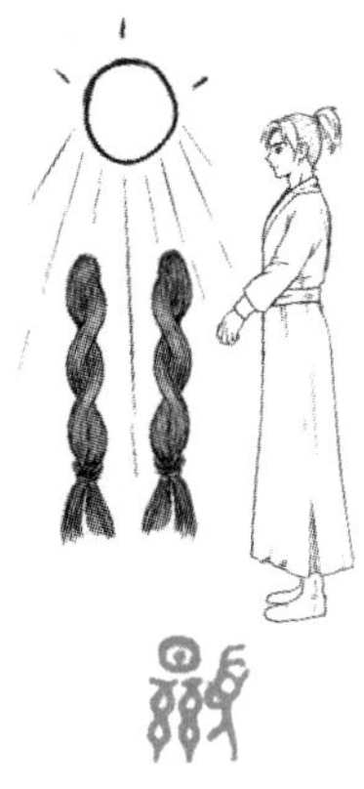

图 6.8　显　示意图

显　金文 西周 史兽鼎

显　简帛 战国 睡虎地秦简·法 191

显　小篆

显　隶书 东汉 白石神君碑

显　楷书 唐 柳公权

显　行书 元 赵孟頫

显　草书 唐 孙过庭

图 6.9

---

① 一般认为，“顯”从“㬎”从“页”，“㬎”为显（顯）简省古字形，本为一字，不展开；“页”字本义是头部，本字中该字形表示的应为人睁大眼睛看，故不展开。

可以看出，其本义就是把细丝拿到太阳下看，就是显明、明显、显露的意思，后来才引申出显赫、显达之义。

我们现在讲的“大显身手”“各显神通”“达官显宦”都是从这里来的。

日　甲骨文　合集 1136

日　金文 商代 集成 5349

日　金文 西周 集成 3913

日　简帛 战国 上博楚竹书一·缁衣 6

日　小篆 说文

日　隶书 东汉 礼器碑

日　楷书 唐 柳公权

日　行书 元 赵孟頫

日　草书 明 王宠

图 6.10

页　甲骨文　合集 1092

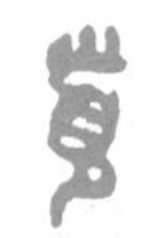
页　金文 西周 卯簋盖

页　简帛 战国 仰天湖楚简

页　小篆 说文

页　隶书 东汉 曹全碑

页　楷书 北魏 寇凭墓志

页　行书 东晋 王羲之

图 6.11

（二）表示丝线连绵不绝的字

1.“孳”生

众所周知，“子”[1]指初生年幼的小孩，头大，两臂经常挥动，脚部不发达，本义就是婴童的意思。

图 6.12　子

图 6.13　子　正面字形示意图

子　甲骨文　合集 0580

子　甲骨文　编 0000k

子　金文 商 戍甬鼎

子　金文 西周 子鼎

子　小篆 说文

子　隶书 东汉 华山庙碑

子　楷书 唐 颜真卿

子　行草 隋 智永

图 6.14

① “子”早期另一类字形“[illegible]”不展开。

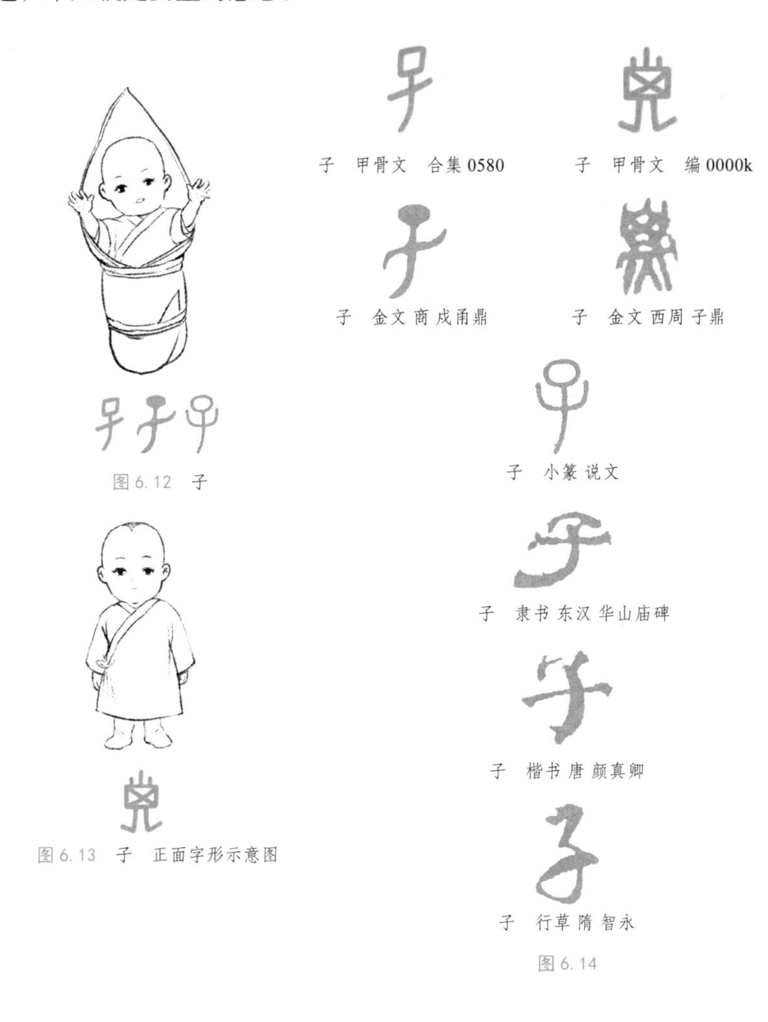

当一个“子”加上一个表示丝线的“丝”时，就成了孳生的“孳”[①]：

这里的“丝”，表示的就是丝线连绵不断之义，而合起来就是孳的本义“孳乳”“孳生”“生育”。同时也用“孳孳”表示不懈怠的样子，比如“孳孳不倦”等。

陆游的《自警》就有“鸡鸣推枕起，为善亦孳孳”的名句。当然，也少不了白居易的那句“产业论蚕蚁，孳生计鸭雏”。

孳　金文 商 亚孳父辛盉

孳　简帛 战国 上博楚竹书三·彭祖 3

孳　小篆 说文

孳　楷书 明 祝允明

图 6.15

① 孳的正面“子”字形不展开。

2.“孙（孫）”子

同样，当一个“子”加上一个表示丝线的“系”时，就成了“孙子”的“孙”。

这里的“糸”，同样会丝线连绵不断之意，而合起来，会的就是儿子继有孙子的意思，本义是孙儿。当然，也泛指子孙后代，比如表示三代孙的“曾孙”，表示四代孙的“玄孙”，还有表示中华儿女的“炎黄子孙”，成语“含饴弄孙”“子孙满堂”等。

所以，我们常常在上古青铜器上见到“子子孙孙永宝用”的字样，意思是后代子孙要永远珍爱和使用这一器物。

比如，犀伯鱼父作旅鼎“子孙永宝用”（图 6.16）。

图 6.16

孙 甲骨文 合集 0586

孙 金文 西周 小臣宅簋

孙 简帛 战国 上博楚竹书四·曹 25

孙 小篆 说文

孙 隶书 东汉 樊敏碑

孙 楷书 东晋 王羲之

孙 行书 北宋 米芾

孙 草书 北宋 苏轼

图 6.17

3. “繁”荣昌盛

就“繁”的字形而言，早期由表示丝线连绵不断的“糸”和表示母亲的“每”组成。其中的“每”字象女子头上加笄（发簪）之形。古代女子十五周岁行及笄礼，意味着成年，字形中间两点表示双乳，以母乳表示母亲的象征，因此，“每”是已婚妇女的形象，在早期文字中常常和“母”混用，表示母亲。后来才表示逐个，并用作副词、连词等。

图 6.18　母、每

每　甲骨文　合集 0432

每　金文 西周 天亡簋

每　小篆 说文

每　楷书　北魏 夫人王氏墓志

每　行书 明 文徵明

每　草书 东晋 王献之

图 6.19

所以有观点表示，当“糸”和“每”合在一起，就表示母亲可以多生子女之义。① 我们常讲的“繁殖”“繁衍生息”因此而来。

后来才引申出多、茂盛、繁杂等义，比如我们常说的“繁荣昌盛”“繁花似锦”“枝繁叶茂”“繁忙”“频繁”“繁华”等。

唐朝张九龄就有《立春日晨起对积雪》这样的诗句：

> 忽对林亭雪，瑶华处处开。
> 今年迎气始，昨夜伴春回。
> 玉润窗前竹，花繁院里梅。
> 东郊斋祭所，应见五神来。

繁　金文 西周 师虎簋

繁　小篆 说文

繁　简帛 战国 上博楚竹书二·容 19

繁　楷书 唐 欧阳询

繁　行草 明 徐渭

繁　草书 明 解缙

图 6.20

①有观点表示，“繁”的本义是丝绪下垂的装饰，因其头绪繁多，所以引申出多等含义。同时还有观点表示，“繁”字像母亲梳头用丝线绑缚的样子，本义就是头发辫子众多，进而引申为多、杂等义。备之。

4.“组”织

“组”字由“糸”和“且”组成。“糸”表示丝线连绵不绝之义，所以关键在“且”上。

就目前而言，“且”有两种观点较为可靠[①]，一种认为“且”是祖先牌位之象形，一种认为“且”象男性生殖器之形，但这两种观点其实并不矛盾，都表示父系祖先。在甲骨文、金文中，就是表示祖先。因此“且”即“祖”的本字。

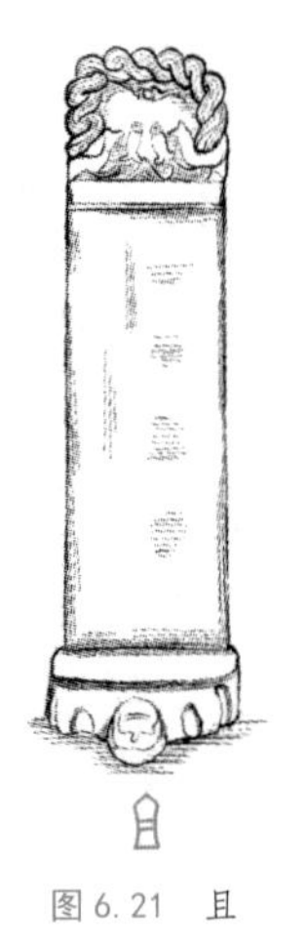

图 6.21　且

且　甲骨文　合集 3627

且　金文 商 子且癸卣

且　简帛 战国晚期 睡虎地秦简·秦律十八种 112

且　隶书 东汉 曹全碑

且　楷书 唐 颜真卿

且　行书 明 唐寅

且　草书 东晋 王献之

图 6.22

① 有学者认为“且”为“俎”本字，即为俎案正视、侧视之象形；还有认为“组”的本义为宽而薄的丝带的观点。备之。

表示父系祖先的“且”，与表示连绵不绝的“糸”结合起来，就使“组”有了表示父系一脉群体之义，进而引申出事物性质相近的组成、组织、编织、绑系印玺或玉器的宽而薄的丝带、官印等义。

我们现在常说的“编组”“改组”“党组织”“方程组”等都是从这里来的。当然，表示华丽丝带和官印的成语也有，比如表示以坏的东西接在好的东西上面的“以索续组”，表示世代为官的“重珪叠组”等，只是今天已很少使用。

组 金文 西周 师簋

组 简帛 战国 睡虎地秦简·日甲11正2

组 小篆 说文

组 隶书 唐墓志

组 楷书 唐欧阳询

组 行书 明 文徵明

组 草书 明 沈粲

图 6.23

（三）用丝线表示连接、缠、拴的字

1.“联（聯）”合

比如这个“联（聯）”字，就是由一个表示连接的“糸”和一个表示耳朵的“耳”组成，本义就是联系。

所以《说文》讲：“联，连也。从耳，耳连于颊也；从丝，丝连不绝也。”①

我们现在常用的“联结”“联系”“联席”“联合”“互联网”“珠联璧合”等都是从这里来的。

再如，黄庭坚也有这样的诗句：“联句敏于山吐月，举觞疾甚海吞潮。”

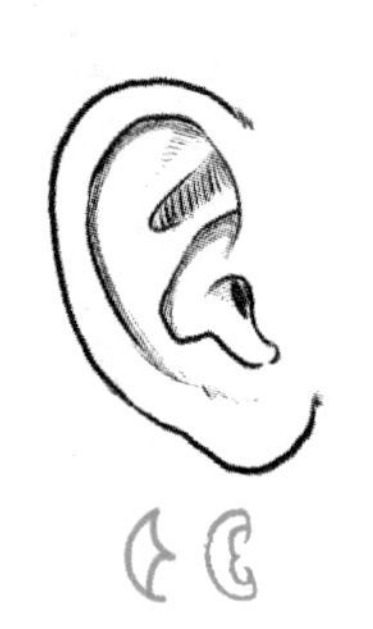

图 6.24　耳　示意图

联　甲骨文　合集 0682

联　金文 春秋 訾仲之孙簋

联　小篆 说文

联　印玺 古玺汇编

联　楷书 唐 颜真卿

联　行书 唐 陆柬之

联　草书 明 蔡羽

图 6.25

耳　甲骨文　合集 0680

耳　甲骨文一期 · 战后集 1648

耳　金文 商 耳壶

耳　简帛 战国 上博楚竹书五 · 君子为礼 2

耳　小篆 说文

耳　隶书 三国 三体石经

耳　楷书 北魏 张猛龙碑

耳　行书 东晋 王羲之

图 6.26

① 有观点表示，连接的是器物之耳；另有观点认为两个“糸”顶部相连的字形为“联”的初文。备之。

2. “系”统

“系”字，则是用一个表示向下抓手的“爪（或又）”，将几串丝线“玄（幺、糸）”相连，本义也是联系。

所以我们现在常讲的“关系”“联系”“体系”“系统”“根系”“世系”“太阳系”等，都是从这里来的。

当然，也少不了柳永的名篇《忆帝京·薄衾小枕凉天气》：

> 薄衾小枕凉天气，乍觉别离滋味。
> 展转数寒更，起了还重睡。
> 毕竟不成眠，一夜长如岁。
> 也拟待、却回征辔；
> 又争奈、已成行计。
> 万种思量，多方开解，只恁寂寞厌厌地。
> 系我一生心，负你千行泪。

这是柳永的离别相思之作，描写的是词人因思念而辗转难眠，颇有五言古乐府之神韵，特别是“系我一生心，负你千行泪”，通俗易懂，真挚感人，堪称名句。

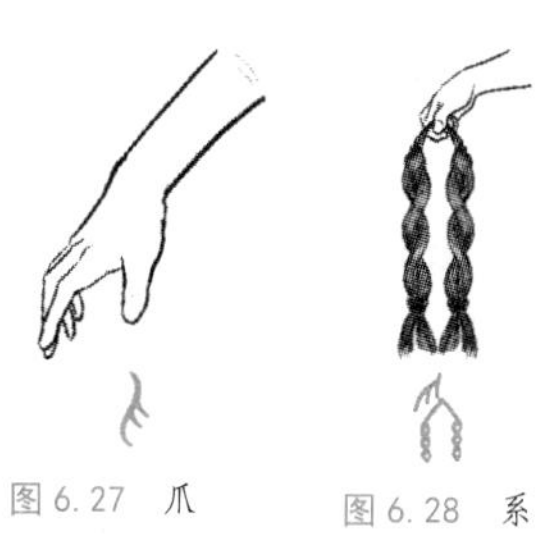

图 6.27　爪

图 6.28　系

系　甲骨文　合集 3137、3137b

系　金文 商 小臣系卣

系　小篆 说文

系　简帛 战国 上博楚竹书一·孔子诗论 27

系　楷书 唐 欧阳询

系　行书 清 王鸿绪

图 6. 29

3.“继（繼）”续

同样，“继”字的古字形则是四串丝线相连，本义也是继续、连续的意思。[①]

我们今天常讲“继续”“前赴后继”“继承”“夜以继日”“继往开来”等。

既然聊到“继”，就得提到张载的千古名句“横渠四句”：

为天地立心，
为生民立命，
为往圣继绝学，
为万世开太平。

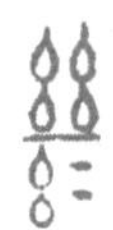

继 金文 春秋 拍敦

继 小篆 说文

继 隶书 东汉 武梁祠刻石

继 楷书 唐 欧阳通

继 行草 北宋 米芾

继 草书 当代 毛泽东

图 6.30

①《说文》讲，一曰反𢇍为继，可备一说。

4.“绝”代风华

“绝”字的古文字形，就是用一把“刀”，将连着的丝线断开的会意。

后来的字形又加了表示跪坐人形的“卩”。

所以《说文》讲：“绝，断丝也。从糸，从刀，从卩。”本义就是用刀将丝线断开。后来才引申出“断”“断绝”“灭亡”“竭”“尽”等意思。

我们今天讲的“拒绝”“绝对”“绝句”“绝唱”“绝色”“韦编三绝”“络绎不绝”“精妙绝伦”“绝代佳人”“空前绝后”都是从这里来的。

由于“绝”字独特的字义，历史上关于“绝”的诗句太多，连四句诗都被称为绝句。

绝　甲骨文　合集3156

绝　金文 战国 中山王方壶

绝　简帛 战国 睡虎地秦简·日乙11

绝　小篆 说文

绝　隶书 东汉 武梁祠刻石

绝　楷书 唐 欧阳询

绝　行书 明 董其昌

绝　草书 明 祝允明

图 6.31

比如杜甫的《佳人》：“绝代有佳人，幽居在空谷。”

比如岑参的《北庭作》：“孤城天北畔，绝域海西头。”还有被赞为“得天趣”的名作，柳宗元的《江雪》：

千山鸟飞绝，万径人踪灭。
孤舟蓑笠翁，独钓寒江雪。

当然，提到“绝”字，又怎能少得了杜甫的千古名篇《望岳》：

岱宗夫如何？齐鲁青未了。
造化钟神秀，阴阳割昏晓。
荡胸生层云，决眦入归鸟。
会当凌绝顶，一览众山小。

全诗行文自然，气势磅礴，充满了披荆斩棘、登顶世间的豪情，无怪后人评其为“万古开天名作”，发出“齐鲁到今青未了，题诗谁继杜陵人？”[①]的感叹。

刀　甲骨文 合集22474

刀　金文 商 子父癸鼎

刀　小篆 说文

刀　简帛 战国 包山楚简 144

刀　楷书 唐 灵飞经

刀　行书 北宋 黄庭坚

图 6.32

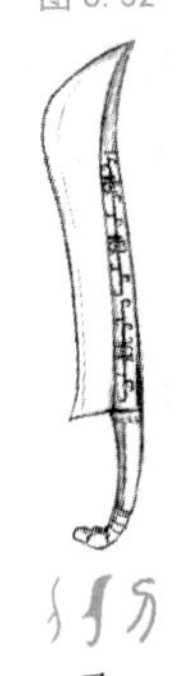
刀

图 6.33

① 明·莫如忠《登东郡望岳楼》：“齐鲁到今青未了，题诗谁继杜陵人？”明·周珽《唐诗选脉会通评林》：刘辰翁曰：“齐鲁青未了”五字雄盖一世。“青未了”语好，“夫如何”跌宕，非凑句也。“荡胸”语，不必可解，登高意豁，自见其趣；对下句苦。”郭浚曰：他人游泰山记，千言不了，被老杜数语说尽。周珽曰：只言片语，说得泰岳色气凛然，为万古开天名作。句字皆能泣鬼磷而裂鬼胆。

5.源源不“断(斷)”

无独有偶,“断”字,在“㡭(绝)”字的基础上,再加一个表示斧头的“斤”,更增了断绝的味道,所以《说文》讲:“断,截也。从斤,从㡭。”因此,“断”的本义是截断。

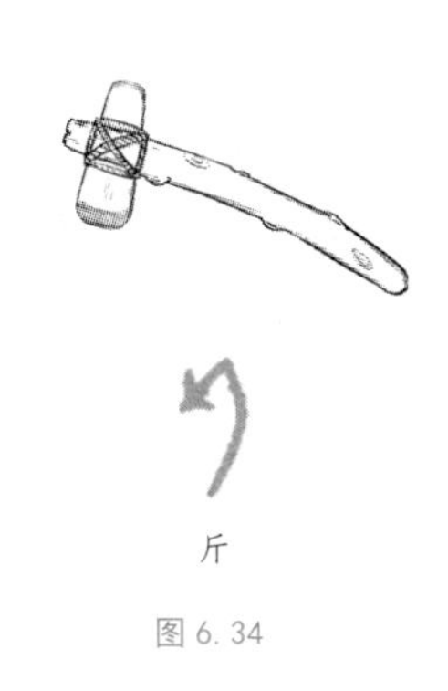

斤

图6.34

断 简帛 战国 睡虎地秦简·法122

断 小篆 说文

断 隶书 北齐 临淮王像碑下

断 楷书 唐 柳公权

断 行楷 明 董其昌

断 行楷 元 赵孟頫

图6.35

斤 甲骨文 编529

斤 金文 西周 天之簋

斤 简帛 战国 睡虎地秦简·秦律十八种91

斤 小篆 说文

斤 隶书 西汉 阳泉使者舍熏炉铭

斤 楷书 唐 樊兴碑

斤 行书 北宋 米芾

斤 草书 元 饶介

图6.36

后来才引申出“断绝”“斩杀”“区分”“判断”“果断”等意思。

我们今天讲“折断”“断面”“决断”“源源不断”“断章取义”“藕断丝连”“识文断字”“当机立断”就是从这里来的。

当然，既然讲“断”字，就必须提到马致远那首堪为神品的散曲小令《天净沙·秋思》：

枯藤老树昏鸦，
小桥流水人家，
古道西风瘦马。
夕阳西下，
断肠人在天涯。

当然，也少不了苏轼那首“真情郁勃，句句沉痛”的名作，《江城子·乙卯正月二十日夜记梦》：

十年生死两茫茫，不思量，自难忘。
千里孤坟，无处话凄凉。
纵使相逢应不识，尘满面，鬓如霜。
夜来幽梦忽还乡，小轩窗，正梳妆。
相顾无言，惟有泪千行。
料得年年肠断处，明月夜，短松冈。

6. 百里“奚”

《孟子·告子下》里有一句“百里奚举于市”，就是讲百里奚发迹于市井之中，秦穆公用五张黑公羊皮从集市上把百里奚买回来的故事。我们都知道百里奚原来是奴隶，而这个“奚”字由一个表示手的“爪”、一个表示绳子的“玄（幺、糸）”[①]和一个表示人体的“大”组成，本身就是会手拉着被拴着的人的意，本义就是奴隶。直到现在，我们还在用这个本义，如“奚奴”“奚童”“女奚”等。

图 6.37　大

奚　甲骨文 合集32524

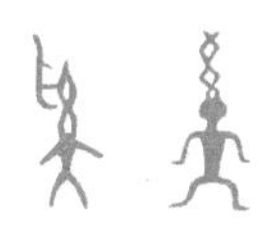

奚　金文 商 簸亚乍父癸角、奚卣

奚　简帛 战国 上博楚竹书一·孔子诗论 27

奚　小篆

奚　隶书 东汉 曹全碑

奚　楷书 唐 颜真卿

奚　行书 元 赵孟頫

图 6.38

① 有观点认为“奚”字中的“玄（幺、糸）”为奴隶的发辫，备之。

比如宋代诗人杨冠卿也有“奚奴空负锦囊归”的诗句。

再如欧阳修的《试院闻奚琴作》：

奚琴本出奚人乐，奚虏弹之双泪落。
抱琴置酒试一弹，曲罢依然不能作。
黄河之水向东流，凫飞雁下白云秋。
岸上行人舟上客，朝来暮去无今昔。
哀弦一奏池上风，忽闻如在河舟中。
弦声千古听不改，可怜纤手今何在。
谁知着意弄新音，断我樽前今日心。
当时应有曾闻者，若使重听须泪下。

大[1] 甲骨文 合集0197

大 金文 商 大丏簋

大 小篆 说文

大 楷书 唐 颜真卿

大 行书 元 赵孟頫

大 草书 唐 张旭

图 6.39

---

①“大”象正面人形，本义是大人，后引申为大。在用作符号时，通常表示正面的人，而不是大。

7. 一唱雄“鸡（鷄）”天下白

再看“鸡”字，在早期字形上，是一个表示短尾小鸟的“隹”（或长尾巴的“鸟”），加上一个表示奴隶的“奚”①，除了用“奚”的音，也表示鸡是奴隶鸟的意思。

图 6.40　隹　示意图

图 6.41　鸟　示意图

鸡　简帛 战国 包山楚简 258

鸡　小篆

鸡　隶书 东汉 武梁祠刻石

鸡　楷书 元 赵孟頫、明 王宠

鸡　行书 明 祝允明、唐寅

鸡　草书 明 王铎

图 6.42

① 有观点认为，“雞、鷄”中之“奚”仅表音，备之。

鸡作为较早驯化的禽类动物，被我国古代定为“六畜”“十二生肖”之一。古代常以“鸡”“犬”并列，不仅以其经济性在古代日常生活中占据重要地位，还以“敢于斗争”“鸡鸣报晓”的形象赋予人独特的精神内质。因此，关于鸡的名句比比皆是：

比如王充的“一人得道，鸡犬升天”。

比如王安石的《登飞来峰》：“飞来峰上千寻塔，闻说鸡鸣见日升。不畏浮云遮望眼，自缘身在最高层。”

佳　甲骨文　合集1727

佳　西周 臣谏簋

佳　简帛 战国 清华简一·保训 11

佳　小篆 说文

佳　楷书 唐 白居易

佳　行书 北宋 黄庭坚

佳　行书 明 黄道周

图6.43

鸟　甲骨文　合集1736

鸟　金文 商 鸟父癸鼎

鸟　小篆 说文

鸟　隶书 东汉 武梁祠刻石

鸟　楷书 唐 薛曜

鸟　行书 明 董其昌

鸟　草书 明 文徵明

图6.44

比如陆游的“莫笑农家腊酒浑，丰年留客足鸡豚。山重水复疑无路，柳暗花明又一村”。

比如唐寅的《画鸡》，特别传神：

头上红冠不用裁，

满身雪白走将来。

平生不敢轻言语，

一叫千门万户开。

比如《诗经·郑风·风雨》的“风雨如晦，鸡鸣不已”，后来被引申为形容在风雨飘摇、动乱黑暗的年代，有正义感的君子还是坚持操守，勇敢地为理想而斗争。画家徐悲鸿还因此创作了《风雨鸡鸣图》。

郁达夫的名作《钓台题壁》也延续了此意象：

不是樽前爱惜身，佯狂难免假成真。

曾因酒醉鞭名马，生怕情多累美人。

劫数东南天作孽，鸡鸣风雨海扬尘。

悲歌痛哭终何补，义士纷纷说帝秦。

8.“维”生素

用“玄（幺、糸）”绑人是“奚”，那么用“玄（幺、糸）”绑缚小鸟“隹”，就是“维”字，本义也是绑系。

后来才引申出纲纪、纲要、维持、网络、角落及用作语气词等义。

我们常说的“维持”“维护”“思维”“维生素”“创业维艰”“国之四维”“革旧维新”等，都是从这里来的。

维 金文 集成224

维 简帛 楚曾123

维 小篆 说文

维 隶书 唐叶慧明碑

维 楷书 唐欧阳询

维 行书 北宋 苏轼

维 草书 南宋 文天祥

图6.45

9. 兼包并“畜”

再比如这个“畜”字，由一个表示绑缚的“玄（幺、糸）”和一个“田”或“囿”（“田”“囿”在古代都有表示豢养禽兽场所的意思）合起来组成，当然就表示将野兽用绳子绑缚并豢养在园囿中，作为家畜的意思。

其本义就是家畜，后来才引申出饲养、培植、积聚、容纳等意思。

比如“家畜”“畜养”“养精畜锐”“积畜”“储畜”“兼包并畜”等。

图 6.46　田

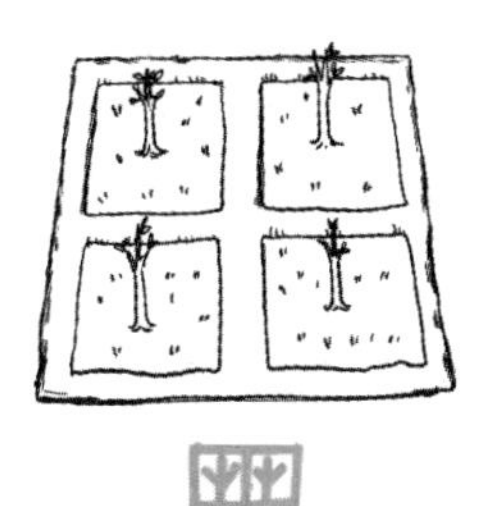

图 6.47　囿

畜　甲骨文 合集 2965、合集 2965a

畜　金文 春秋 栾书缶

畜　简帛 战国 上博楚竹书二・民之父母 14

畜　小篆 说文

畜　楷书 北魏 石门铭

畜　行书 元 邓文原

畜　草书 唐 孙过庭

图 6.48

田　甲骨文 合集 2189

田　金文 商 集成 9190

田　简帛 战国 睡虎地秦简·语书 4

田　小篆 说文

田　隶书 东汉 孔宙碑

田　楷书 唐 欧阳询

田　行书 北宋 苏轼

田　草书 元 赵孟頫

图 6.49

囿　甲骨文 合集 2201

囿　金文 春秋 秦公簋

囿　简帛 战国 睡虎地秦简·为吏之道 34-3

囿　小篆 说文

囿　楷书 北宋 苏轼

囿　行书 元 赵孟頫

囿　行草 明 文徵明

图 6.50

（四）其他表示丝线功能、性质的字

1. 遵“纪”守法

“纪”字由表示丝线的“糸”和表示绳索的“己”组成，本义是用来编结、捆绑的绳子。

其实，“己”就是“纪”的本字。由“己”的字形可以看出，它就是一个弯曲的绳索的样子，可以用来编联、束缚、系结，本义就是用来绑缚的绳子。

图 6.51　己

远古时代，文字没有发明的时期，古人“结绳记事”。[1]因此“己”字就有了“记录”“记载”“时令”的意思，后来被借去表示天干和自己的“己”后，只好加“糸”形成“纪”字表示其“绳索”“记载”“时令”等义。[2]

己　甲骨文　合集 0000

己　金文　商　父己鼎

己　简帛　战国　郭店楚简·语丛四 4

己　小篆　说文

己　隶书　东汉　尹宙碑

己　楷书　唐　欧阳询

己　行书　明清　朱耷

己　草书　唐　孙过庭

图 6.52

---

①《周易·系辞》云：“上古结绳而治。”《周易集解》曾讲：“古者无文字，其有约誓之事，事大大其绳，事小小其绳，结之多少，随物众寡，各执以相考，亦足以相治也。”马克思在他的《摩尔根〈古代社会〉一书摘要》中，曾描述印第安人的结绳记事。

② 古籍“纪”通“记”，表示记载，如《左传·桓公二年》“文、物以纪之”，就是表示用纹饰、色彩来记录。

《说文》讲：“纪，丝别也。从糸，己声。”所谓丝别，有观点认为丝线各有始末，自然各自有别。但实际上，这个丝别表示的，很有可能是丝线结束时，分门别类捆缚丝线的过程。所以“纪”也有“统”“绪”等头绪的意思。

由于其作为绳索，对丝线有“约束”“分别”之义，所以“纪”在后来也被引申出“纪律”“法度”“准则”“治理”等意思。

比如我们今天常说的“世纪”“纪年”“年纪”“纪传体”“纪念”“纪律”“遵纪守法”“当家理纪”等词。

纪　简帛 战国 上博楚竹书四·曹16

纪　小篆 说文

纪　隶书 东汉 礼器碑

纪　楷书 唐 褚遂良

纪　行书 唐 武则天

纪　草书 明 董其昌

图 6.53

2.“牵（牽）”手

通过“牵（牽）”字的字形可以发现:“牵（牽）”字由“牛”字和表示牛缰绳的含“玄”字符构成。

图 6.54　牵　示意图

图 6.55　牛　示意图

牛　甲骨文　合集 1545

牛　金文 商 牛簋

牛　金文 西周 令方彝

牛　简帛 战国 睡虎地秦简·秦律十八种 128

牛　隶书 东汉 张景碑

牛　楷书 唐 颜真卿

牛　行书 北宋 苏轼

牛　草书 元 赵孟頫

图 6.56

其中“牛”的上古文字为牛头的象形，本义就是用牛头的样子来表示牛。

只是汉字在经历隶定以后，牛头的样子慢慢丢失。

而这个表示牛缰绳的含“玄”字符，则由表示性质的“玄”和表示套在牛头上的缰绳组成，本身就是牛缰绳之义。

所以，当牛缰绳套在牛头上，就是“牵”字拉、挽的本义。

牵　简帛 战国 睡虎地秦简·日甲3背-1

牵　小篆 说文

牵　隶书 唐 东海县郁林观东岩壁纪

牵　楷书 唐 柳公权

牵　行书 明 董其昌

牵　草书 明 文徵明

图 6.57

所以《说文》讲："牵，引前也。从牛，象引牛之縻也。玄声。"后来引申出"牵制""牵涉"等意思。

我们现在常讲的"牵手""牵强附会""顺手牵羊""牵肠挂肚""魂牵梦萦""千里姻缘一线牵"等，都是从这里来的。

后来将表示丝线的"糸"和"牵"合起来，另造"縴（纤）"字，用来表示缰绳的本义，我们说的"纤夫""拉纤"都是从这里来的。

图 6.58 《伏尔加河上的纤夫》 俄罗斯 列宾

3. 心“率”

率，古文字为一个表示丝线的“玄”加上表示震动的四个点，就是丝线绷紧后震动的样子[1]，所以我们今天仍然讲“频率”“心率”“税率”等。

也由于绳索绷紧的状态，只能在用力牵引、拉拽时才会出现，所以“率”有“牵引”之义。后引申出“率领”“表率”“遵循”“轻易”“捕鸟网”等义。

我们今天常讲的“率领”“率先”“率土之滨”“轻率”“率真”等，都是从这里来的。

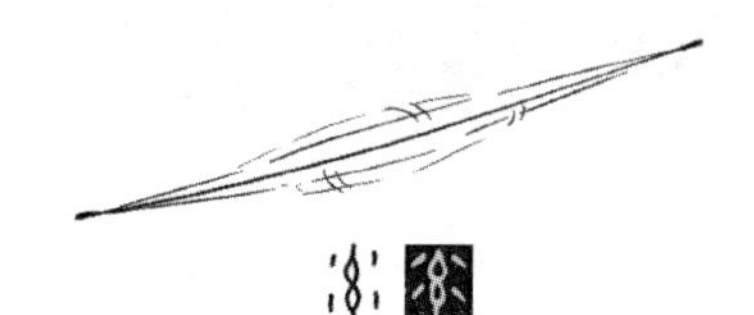

图 6.59　“率”丝线震动示意图

率　甲骨文　合集 3149

率　金文 西周 大盂鼎

率　简帛 战国 上博楚竹书一·缁衣 17

率　小篆 说文

率　隶书 西晋 辟雍碑

率　楷书 唐 欧阳询

率　行书 北宋 米芾

率　草书 唐 怀素

图 6.60

① “率”还有捕鸟网本义说、大绳本义说、牵引船只本义说等；“率”中四点有表光泽说、表麻绪说、表水滴说等。备之。“率”中四点表震动，或可参考“發”甲骨文、金文字形的弓弦颤动之义。“率”含“行”“辵”字形，不展开。

4. “乐（樂）”器

“丝”线发生震动时，往往有声音发出，将其绑在“木”头上，弹奏起来，就可以发出更为动听、响亮、多变的声音。

所以表示丝线的“丝”加上表示木材的“木”，就组成了“乐（樂）”字。

图 6. 61　乐

乐　甲骨文 合集 3166

图 6. 62

丝　甲骨文 合集 3193

丝　金文 西周 寓鼎

图 6. 63

木　甲骨文　合集 1402

木　金文 商 木父辛卣

图 6. 64

后来的字形又添加了表示大拇指的“白”。

白　甲骨文 合集1095

白　金文 西周 小臣宅簋

图 6.65

增添了手指拨动丝弦的弹琴之义，也就有了后来的“乐”字。

因此，“乐”的本义就是乐器，后来引申出音乐、快乐等义。

我们现在常讲的“知足常乐”“助人为乐”“安居乐业”“器乐”“礼乐”“钧天广乐”等都是从这里来的。

由于“乐”在古代生活中有调节情绪、抚慰身心、培育精神、教化万民的重要作用，因此地位极高。

比如，在传说中就有舜帝“作五弦之琴，以歌《南风》”的记载；还有周公“制礼作乐”，创造周朝的礼乐制度；之后还有孔子对于礼乐的坚守传承；等等。

比如传统儒家将《诗》《书》《礼》《易》《乐》《春秋》合称为“六经”，将礼、乐、射、御、书、数合称为“六艺”。只是后来《乐经》失传，不免令人扼腕。

乐　金文 西周 集成249

乐　简帛 战国中期 郭店楚简·老子丙4

乐　小篆 说文

乐　隶书 东汉 曹全碑

乐　楷书 唐 欧阳询

乐　行书 元 赵孟頫

乐　草书 东晋 王羲之

图 6.66

5. 䜌（弯、孪、峦、銮、变）化

就“䜌”的字形来看，由一个“言”字和一个顶部相连的“丝”组成。有观点认为，这个“言”是表音的声符；顶部相连的“丝”表意，同时也是“联”的初文，“䜌”和“联”为一字分化，本义就是表示联系、不绝。①

因此，字形中包含“䜌”的，一般都与“联系”“连绵不绝”等意思相关。

䜌 金文 西周 中伯壶盖

䜌 简帛 战国 包山楚简 105

䜌 小篆 说文

图 6.67

言 甲骨文 合集 0722

言 金文 西周 伯矩鼎

言 简帛 战国 睡虎地秦简·秦律十八种 1

言 隶书 东汉 礼器碑

言 楷书 唐 柳公权

言 行书 北宋 苏轼

言 草书 东晋 王羲之

图 6.68

① 也有观点表示，“䜌”字形为“丝”发出声音，因此有连绵不绝、美好之义。备之。

比如表示弯曲的“弯（彎）”字，就是由表示联系的“䜌”和表示弓的“弓”组成，本义是丝弦连接弓的两头，弓形变弯，后表示弯曲。

弓　金文 商 集成 8843

弓　小篆 说文

图 6.69

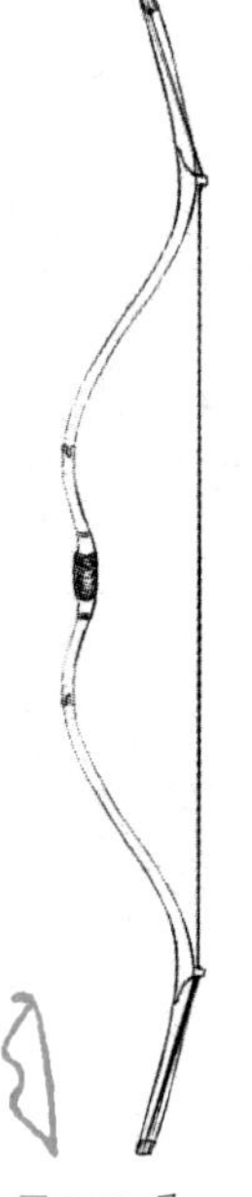

图 6.70　弓

弯　小篆 说文

弯　楷书 唐 欧阳通

弯　行书 北宋 苏轼

弯　草书 明 王铎

图 6.71

比如“孪（孿）”字，就是由表示联系的“䜌”和表示小孩的“子”组成，所以《说文》讲“孪，一乳两子也”，本义就是孪生、双生。

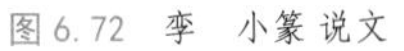

图6.72　孪　小篆 说文　　图6.73　子　小篆 说文

比如“峦（巒）”字，就是由表示连绵不绝的“䜌”和表示山的“山”组成，本义就是山连绵起伏。所以我们现在常说“山峦起伏”。

图6.74　山

山　甲骨文　合集1218　　山　小篆 说文

图6.75

峦　小篆 说文　　峦　楷书 唐 颜真卿　　峦　行书 明 王铎　　峦　草书 明 文徵明

图6.76

比如“銮（鑾）”字，就是由表示连绵不绝的“䜌”和表示金属材质的“金”组成，本义是安装于轭首或车衡上的铃。[1] 由于车马行走，铃铛自然晃动发出声音，所以取“䜌”的连绵不绝之义，故称“銮（鑾）”。又因为车驾上有“銮铃”，所以常常代指帝王的车驾。

我们后来经常听到的“銮铃”“金銮殿”“回銮”“銮驾”“銮仪卫”等，都是从这里来的。

比如“变（變）”字，就是由表示联系的“䜌”和表示轻轻击打的“攴”（或又）组成，会的是轻轻击打丝线之意，改变了原来的联系状态的意思，本义就是改变。[2]

变 小篆 说文

变 隶书 东汉 华山庙碑

变 楷书 唐 颜真卿

变 行书 北宋 苏轼

变 草书 北宋 蔡襄

图 6.77

① 有观点认为“銮（鑾）”为串铃，也有观点认为銮（鑾）铃像鸾（鸞）鸟声音，故称“銮（鑾）”。备之。

② 可参照“改”字，由表示轻轻击打的“攴”和表示小孩的“巳”组成，会的就是轻轻打孩子以使其改过之意。

比如恋爱的“恋（戀）”字，就是由表示联系、连绵不绝的“䜌”和表示心脏、思念的“心”组成，会的就是思念不忘、爱慕不舍、不忍分开之意。我们现在讲的“初恋”“留恋”“相恋”“恋恋不舍”“爱恋”都是从这里来的。

还有“鸾（鸞）”“蛮（蠻）”“挛（攣）”“娈（孌）”“脔（臠）”等字，在此不一一展开。

恋　隶书 唐墓志

恋　楷书 唐 狄仁杰

恋　行书 唐 白居易

恋　草书 东晋 王献之

图 6.78

6. 口若“悬（懸）”河

悬挂的“悬（懸）”，本字其实是“县（縣）”。

“县（縣）”的古字形由表示树木、木杆的“木”，表示丝线、绑缚的“糸”和表示人头的“首”组成，象的就是将首级悬挂在树木、木杆上之形，本义就是悬挂。

后来“县（縣）”被借去表示州县、郡县的行政区划，只好用另加“心”字符的“悬（懸）”表示其“悬挂”的本义。由于加了“心”字符，有了表示心被悬挂的“牵挂”“挂念”之义，后来也引申出“高挂”“悬殊”“高耸”“空虚”等意思。

我们现在常讲的“悬挂”“悬念”“口若悬河”“悬梁刺股”“明镜高悬”“悬崖峭壁”都由此而来。

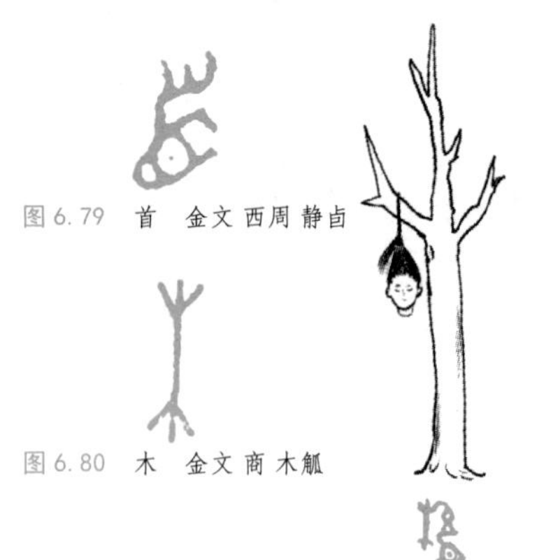

图 6.79　首　金文 西周 静卣

图 6.80　木　金文 商 木觚

图 6.81 县　示意图

县　金文 西周 县妃簋

县　简帛　战国晚期 睡虎地秦简·秦 19

县　小篆 说文

县　隶书 东汉 张迁碑

县　楷书 唐 欧阳询

县　行书 北宋 米芾

县　草书 元 邓文原

图 6.82

悬　楷书 唐 颜真卿

悬　行书 唐 欧阳询

悬　草书 东晋 王献之

图 6.83

7.“紧（緊）”张

当一个表示丝线的“糸”加上一个表示坚强的“臤”时，表示的就是丝线受力后呈现的紧张状态。

我们现在常讲的“紧张”“收紧”“抓紧”“不紧不慢”“加紧”等都由此而来。

臤　小篆 说文

紧　小篆 说文

紧　隶书 西汉 马王堆

紧　楷书 敦煌 大庄严法门经

紧　行书 东晋 王羲之

紧　草书 明清 傅山

图 6.84

8. 治“乱（亂）”之道

“乱（亂）”的初文是𤔔，金文见图 6.86。

图 6.85　𤔔

象上下两只手去整理缠在架子上的丝线之形，本义是整理丝线，后来引申出治理之义。由于丝线在未经整理时状态是乱的，所以分化出“亂”字；而治理丝线之义就由𤔔加上表示治理的“司”合成“𤔲”表示。

图 6.86　𤔔　金文 集成 4292　　图 6.87　𤔲　金文 西周 大盂鼎

有的“亂”字加上了表示众口喧哗的“吅”字符，表示混乱意味更加明显了：

乱　金文 琱生尊一　　乱　简帛 战国 包山楚简 2·192

图 6.88

此外，有的“亂”字形又增加了表示治理的“乙”，更加衬托出乱的状态：

乱　简帛　战国 睡虎地秦简·日甲 5 　　乱　隶书 唐 叶慧明碑 　　乱　楷书 唐 颜真卿 　　乱　行书 北宋 米芾　　乱　草书 元 赵孟

图 6.89

所以，我们今天常说的“凌乱”“慌乱”“混乱”“目乱情迷”“治乱兴亡”等都是从这里来的。

此外，还有“细”“从”“缩”“缠”“辫”“绕”“缔”“结”“纳”“给”“绥”“慈”“绍”“絜”“综”“纲”……

这些字犹如一个个化石，记录着我国先人筚路蓝缕、开天辟地的生活生产足迹，也集中体现了我国先人脚踏实地、百折不挠，用智慧和双手创造美好生活的精神图景，千古之下，映照着我们砥砺前行。

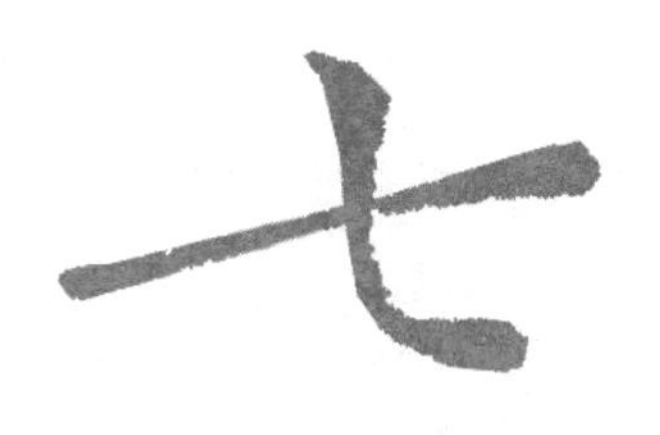

经纬网织

前文已述，线、绳等是人类通过手捻、使用纺锤等方式将麻纤维、蚕丝等动植物纤维纺制而成。

而网、布、席等，是人类通过编织的方式，将藤蔓、竹条、皮条或线、绳等天然材料或纺制产品进行平面化整合而成。

比如用竹条、草茎编制的席，用竹条、藤条或柳条编制的筐，用皮条、竹条编制的册，用麻绳编织的网，用麻、丝、棉制的丝线等编织成的布、帛、绫、罗、绸、缎、锦，等等。即便是广泛使用化纤的今天，现代化织机所承担的也是编织的工作。

因此，编织的意义十分重大[①]，能编筐就能编席，能结网就能织布，编织是古人在生产生活实践中的伟大创举。

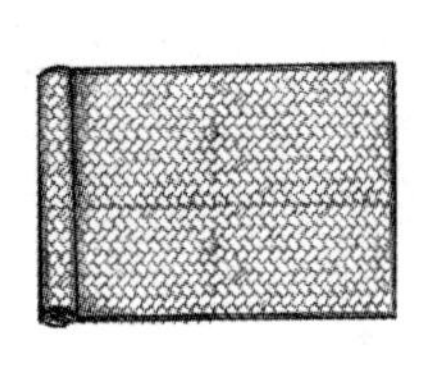
图 7.1　席

图 7.2　筐

图 7.3　册

① 编与织意义不同，但因后世混用，在此不做区分。

（一）“编”“户”造“册”

首先说编织的“编”字。

这是“编”的甲骨文字形：

编　甲骨文　合集 26801

图 7.4

就是由一个表示丝线的“糸”和表示竹简的“册”组成。

右是“册”的古文字及其流变。

册　甲骨文　合集 2935

册　楷书 隋唐 虞世南

册　金文 集成 1737

册　行楷 南宋 文天祥

册　草书 明 张弼

图 7.8

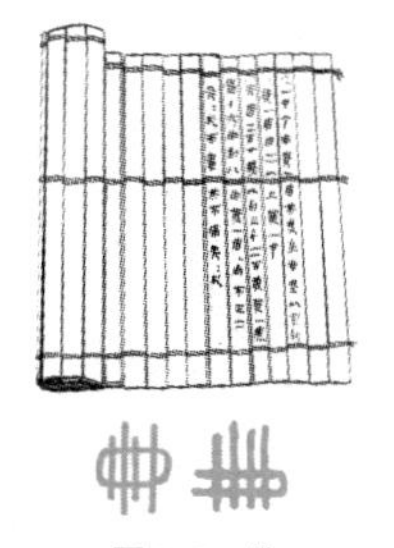

图 7.5　册

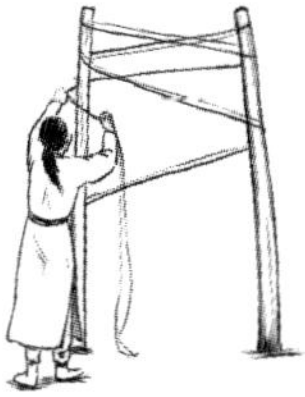

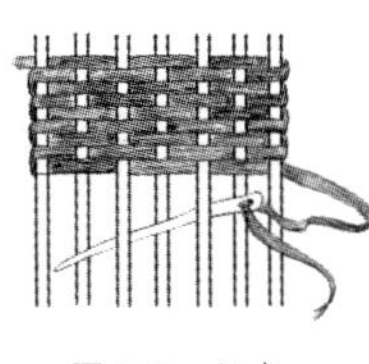

图 7.6　织网

图 7.7　织布

它像是用线绳把一根根竹简编在一起的样子，本义就是简册。

因简册用来书文记事，所以又有“书册”“典籍”等义，后来又引申出“册封”“竖立”“计谋”等意思。我们现在所说的“手册”“账册”“花名册”“人手一册”“连篇累册”等都由此而来。

因此，“编”字的甲骨文字形由“糸”加“册”构成，会的就是用丝线编联简册的意，本义就是编排竹简。

因此有了“编联”“编排”“编织”“编写”“捏造”等意思。

后来的字形增加了“户”，将“糸”和表音的“扁”①组合，基本形成我们今天看到的样子。

我们现在常说的“编著”“编纂”“编撰”“编写”“编组”“编辑部”“行政编制”等，就是从这里来的。

图7.9　户

图7.10　扁　示意图

编　小篆 说文

编　楷书 唐 欧阳询

编　行书 明 唐寅

编　草书 明 祝允明

扁　金文 西周晚期 集成4311

扁　小篆 说文

扁　隶书 西汉 北大简

扁　楷书 南宋 曹之格

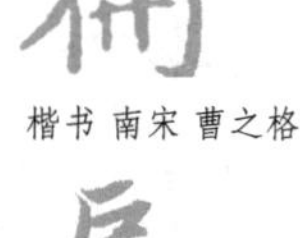

扁　行书 元 赵孟頫

图7.11

户　甲骨文　合集2161

户　金文 商 集成4144

户　简帛 战国 睡虎地秦简·秦律十八种169

户　小篆 说文、说文古文

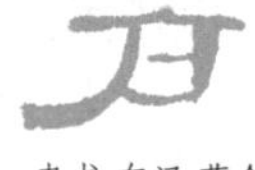

户　隶书 东汉 曹全碑

户　楷书 北魏 元钦墓志

户　行书 明 董其昌

户　草书 唐 怀素

图7.12

① “扁”字不展开讨论。

（二）我心匪“席”不可卷

簟，就是供人坐卧铺垫用的席，一般用竹篾或芦苇编织而成。这是“簟”的初文：

图 7.13　簟　甲骨文

它就像一张竹（草）席的样子，重点突出了其中的编织纹路。

一个“人”字、一个表示竹席的“簟”字，或者再加上一个表示房屋、房舍的“宀”字，合起来就是表示休息、住宿、宿舍的“宿”[1]字。

图 7.14　河姆渡文化苇编

图 7.15　现代凉席

宿　甲骨文 合集 2231

宿　甲骨文 合集 2231b

宿　金文 西周 室叔簋

宿　简帛 战国 上博楚竹书二・容成氏 28

宿

图 7.16

① “宿”字不展开。

“[illegible]”后来的字形发生了较大的变化，变成由表竹制的“竹”和表音的“覃”组成，所以《说文》讲“簟，竹席也，从竹”，直到今天依然保留了这个形声字形。

图 7.17　竹

覃　金文 商 父乙卣

覃　小篆 说文

图 7.18

簟　金文 西周 毛公鼎

簟　小篆 说文

簟　楷书 唐 颜真卿

簟　行书 元 赵孟頫

簟　章草 三国 皇象

图 7.19

虽然我们现在已经很少用“簟”，更多是用“席”来代替，但古人的文学作品中经常能够看到这个字。

比如白居易的“曙傍窗间至，秋从簟上生”；柳永的“枕簟微凉，睡久辗转慵起”；等等。但最为著名的，当数李清照的《一剪梅·红藕香残玉簟秋》：

> 红藕香残玉簟秋。
> 轻解罗裳，独上兰舟。
> 云中谁寄锦书来？
> 雁字回时，月满西楼。
> 花自飘零水自流。
> 一种相思，两处闲愁。
> 此情无计可消除，
> 才下眉头，却上心头。

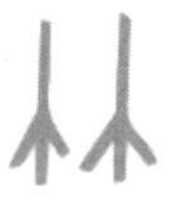

竹　甲骨文合集 3097、合集 H31884a

竹　金文 商 亚宪方罍

竹　小篆 说文

竹　隶书 东汉 校官碑

竹　楷书 唐 褚遂良

竹　行书 东晋 王羲之

竹　草书 元 鲜于枢

图 7.20

一般认为，“席”字由表意的“巾”和“庶”省字符构成，因为席子呈长方形，就像一块布的样子，所以用“巾”表意；而“庶”，《说文》讲“屋下众也”，合起来就是大家常用的坐垫用具。[①]

但也有观点指出，由于“席”的《说文》古文字形与“簟”的甲骨文字形相合，所以其应为“席”的初文。

席　说文古文

图 7.21

簟　甲骨文

图 7.22

图 7.23　席

席　金文 西周 九年卫鼎

席　简帛 战国 睡虎地秦简 · 秦律杂抄 4

席　小篆 说文、说文古文

席　隶书 唐 叶慧明碑

席　楷书 唐 颜真卿

席　行书 元 赵孟頫

席　草书 唐 欧阳询

图 7.24

① 有观点认为，“庶”并非屋下众也，应为“煮”的初文，本义为用火加热煮熟食物。备之，不展开讨论。

不管哪种观点，“席”与“簟”一样，本义都是表示用竹篾、芦苇或草编织成的供人坐卧的铺垫用具。

后来又表示“座位”“席位”“酒席”等意思。

我们现在讲的“凉席”“宴席”“联席会议”“国家主席”“席卷宇内”“虚席以待”“听君一席话，胜读十年书”等，都由此而来。

比如贾谊的《过秦论》中就说“秦孝公据崤函之固，拥雍州之地，君臣固守以窥周室，有席卷天下，包举宇内，囊括四海之意，并吞八荒之心”。

比如，毛泽东也有“赣水苍茫闽山碧，横扫千军如卷席”的名句。

而李白的《北风行》也说“燕山雪花大如席，片片吹落轩辕台”，这大如席的雪花，堪比“一川碎石大如斗，随风满地石乱走”的名句了。

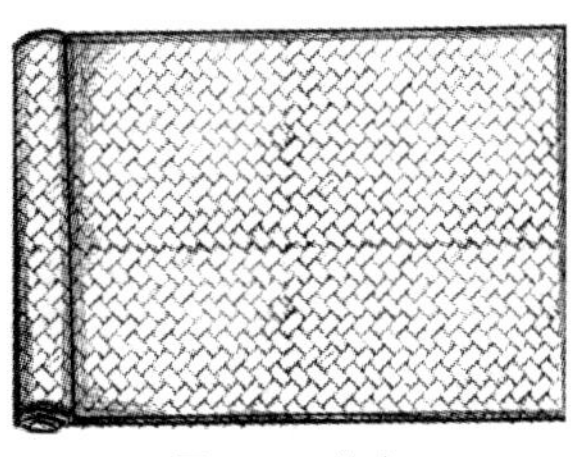

图 7.25　竹席

（三）“网”“罗”万象

《淮南子·氾论训》称“手经指挂，其成犹网罗”。传说在没有发明织机前，最早的织物是靠“手经指挂”，以结“网”“罗”的方式来完成。

古人织网时，往往先将两根木杆或木杆制成的“门”式框架插在地上，然后用麻线绳索斜向交织或竖经横纬编织成网。

图7.26　网

右是“网”的古文字形及其流变，很明显就是讲丝线交叉呈网状的样子。

后来的字形又加了表示丝线的“糸”，成为“網”。但意思并没有变化，本义就是表示用来捕猎打鱼的网，后来也表示像网一样的事物，我们现在常说的“水网”“电网”“通信网”“互联网”“网瘾少年”“网开一面”“临渊羡鱼，不如退而结网”等，都由此而来。

网　甲骨文　合集10514、合集10755反

网　金文 西周 集成5383

网　小篆 说文

网　隶书 东汉 曹全碑

网　楷书 唐 颜真卿

网　楷书 北宋 米芾

网　行书 明 文徵明

网　草书 明清 傅山

图7.27

而“罗”字，由“网”“糸”和“隹”构成，就是用“网”捉“隹”（鸟）的会意，也指罗鸟的网。

后来也引申出“轻软有细孔的丝织品”“细密的筛子”“包括”“排列”“张网捕捉”“搜集”等意思。

我们现在讲的“门可罗雀”“罗列”“罗裙”“罗致”“罗筛”“罗盘”“包罗万象”等，都由此而来。

说到“网”，不免让人想到杜甫在回忆李白时发出的感叹：“君今在罗网，何以有羽翼？恐非平生魂，路远不可测。”

当然，描述“网”最佳的名句，当数宋代张先《千秋岁》：

数声鶗鴂，又报芳菲歇。
惜春更把残红折。
雨轻风色暴，梅子青时节。
永丰柳，无人尽日花飞雪。

莫把幺弦拨，怨极弦能说。
天不老，情难绝。
心似双丝网，中有千千结。
夜过也，东窗未白凝残月。

图 7.28

罗　甲骨文　合集 880 正

罗　金文 春秋 新金文编·罗儿匜

罗　小篆 说文

罗　隶书 三国 曹真碑

罗　楷书 唐 褚遂良

罗　行书 元 赵孟頫

罗　草书 元 鲜于枢

图 7.29

罗盘

图 7.30

与“网”有关的字，还有“买”和“卖”。

右是“买”的古文字形及其流变。

可以明显地看出来，“买”就是由一个表示网的“罒”字和一个表示货币的“贝”字组成。

“罒”“贝”合起来，就是以网取贝，或者以货物换取货币之义。因为在早期，“買”字既可以表示“买入”，又可以表示“卖出”。

买 甲骨文 合集1933

买 金文 商 买车卣

买 简帛 战国 睡虎地秦简·秦律十八种86

买 小篆 说文

买 隶书 东汉 史晨碑

买 楷书 北魏 龙门二十品

买 行书 元 赵孟頫

买 草书 北宋 苏轼

图 7. 31

贝 甲骨文 合集1915

贝 金文 商 集成3990

贝 金文 西周 剌鼎

贝 简帛 战国 包山楚简2·274

贝 小篆 说文

贝 楷书 唐 颜真卿

贝 行书 元 赵孟頫

贝 草书 元 邓文原

图 7. 32

后来，才在“买（買）”字的基础上添加“出”字符，新造“卖（賣）”字，单独用来表示以“卖出”货物换取货币之义。而原来的“買”字则只表示“买入”。

我们今天常讲的“购买”“买卖”“买单”“买断”“强买强卖”“买空卖空”“贱买贵卖”等都由此而来。

当然，汉字中与网相关的字还有很多，比如“羁”“罹”“罪”“罚”等，在此不赘述。

卖 小篆 说文

卖 楷书 东晋 王羲之

卖 行楷 明 文徵明

卖 草书 南宋 陆游

图 7.33

出 甲骨文 合集 0805、合集 0805a

出 金文 商 集成 3238

出 金文 西周 集成 5354

出 战国 郭店楚简 · 穷达以时 8

出 小篆 说文

出 隶书 东汉 乙瑛碑

出 楷书 北魏 张猛龙碑

出 行书 元 柯九思

出 草书 东晋 王献之

图 7.34

（四）“经”天“纬”地

古代早期的编织大致分为两种：

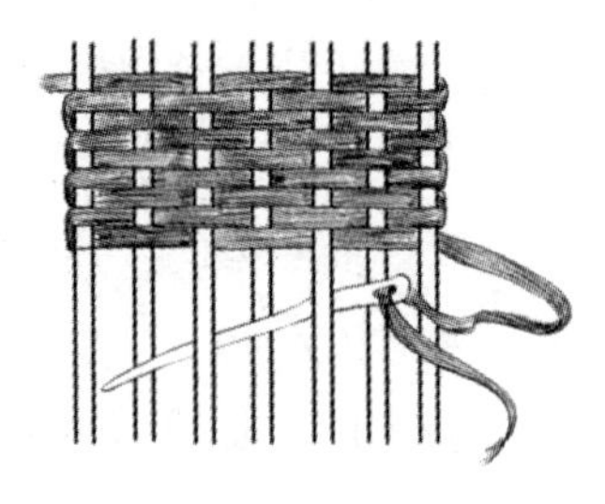

图 7.35　平铺式编织

一种是平铺式编织，即先把经线水平铺开，一边做好固定后，使用骨针带着纬线在经线中一根根地穿织。

另一种则是吊挂式编织，把准备好的经线垂吊在“门”式架上部的横木上，经线下端系上石块用以绷紧。然后按一定的规律甩动带锤经线留下缝隙，将纬线横穿进去，即可织出固定纹路的织物。

图 7.36　吊挂式编织

不管是哪种方式，原理都与制作“网”“罗”时丝线纵横交织的方式无异。

直至今日，依然能在人们编织竹制门帘时看到类似的场景。

图 7.37　当代人编织门帘

所谓纵横交织，就必然有“经”“纬”之分。

“巠”是“经”的本字，本身就是织布时纵向固定的丝线的象形。因此，本义就是织布时的纵向经线。

也有观点表示，“巠”是吊挂式编织机或早期腰机的象形。因为早期织布机最直观的特征，还是相对固定的纵向的丝线。

后来常常借去表示遵循、泾水等义，只好加“糸”另造“经”字表示其本义。

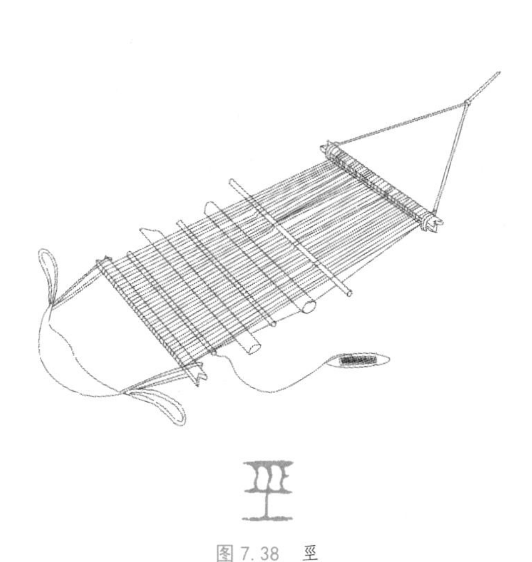

图 7.38　巠

巠　金文 西周 大盂鼎、大克鼎

巠　小篆 说文

图 7.39

经　金文 西周 虢季子白盘

经　简帛 战国 郭店楚简·太一生水 7

经　小篆 说文

经　隶书 东汉 华山庙碑

经　楷书 唐 颜真卿

经　行楷 元 赵孟頫

经　草书 东晋 王羲之

图 7.40

汉字中，一般从“坙”的，都与纵向、贯通、并行多线相关，比如“茎”“胫”“颈”“泾”“径”等。

“茎”，指植物的主干部分，内部往往有纵向贯通的多条纤维并行。

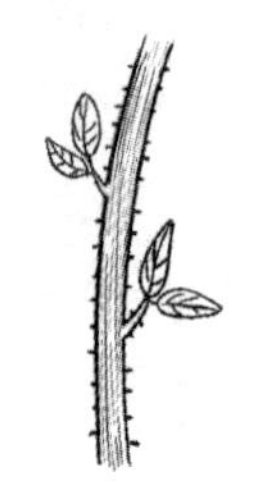

图 7.41　茎

“胫”，就是小腿，小腿内部的骨头呈现纵向、并行的状态。

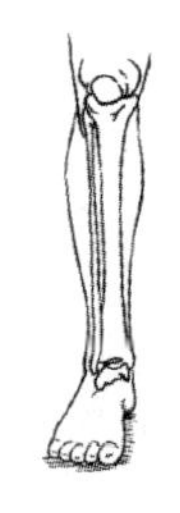

图 7.42　胫

“颈”，指脖子的前部，脖子内部有贯通、纵向、并行的气管、食管、血管等存在。

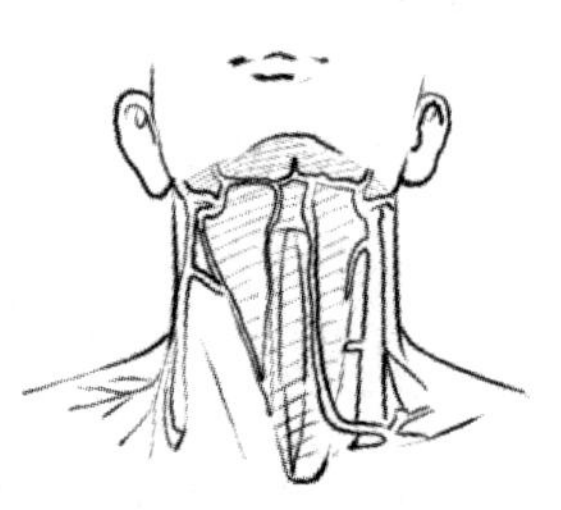

图 7.43　颈

“泾”，古称泾水，现在叫泾河，是黄河支流渭河最大的支流。相较渭河的由西向东，泾河则是纵向由北向南，而且泾河具有两个源头。

图 7.44　泾

“径”，指步行的小路，但张衡在《西京赋》中有“于是量径轮，考广袤”之句，这里的“径轮”指的是南北之间的长度。因此，薛综注：“南北为径。”

又由于在编织时，经线恒定不变，纬线各种穿梭，所以“经”也常用来表示恒定不变的意思。比如“经常”“经费”“荒诞不经”等，都由此而来。

因此，古人也把蕴含万古不变道理的书籍称为“经典”，比如《易经》、《诗经》、《黄帝内经》、《神农本草经》、“经史子集”等。后来也表示制作精良、具有较高水平、有历史沿革的事物，如“经典书目”“经典歌曲”“经典项目”等。

同时，也因其“恒定不变”，逐步引申出“经历”“纲纪”“治理”等意思。比如我们今天常说的“经年累月”“久经考验”“经世致用”“经世济民”等。

同时，因为经线为竖向，也引申出地理上南北方向、南北方向的路、南北方向的线等义，比如“经线”“东经”“西经”等。

诗文中含有“经”的句子就太多了，比如苏轼的“常时低头诵经史，忽然欠伸屋打头”；白居易的“悠悠生死别经年，魂魄不曾来入梦”；李白的“今人不见古时月，今月曾经照古人”。还有元稹的名作《离思》：

曾经沧海难为水，除却巫山不是云。
取次花丛懒回顾，半缘修道半缘君。

当然，更少不了文天祥那首照耀古今的千古名篇——《过零丁洋》：

辛苦遭逢起一经，干戈寥落四周星。
山河破碎风飘絮，身世浮沉雨打萍。
惶恐滩头说惶恐，零丁洋里叹零丁。
人生自古谁无死？留取丹心照汗青。

有“经”，就有“纬”。

要讲“纬（緯）”字，就得先讲“韦（韋）”字。

“韦(韋)”是“纬(緯)”的本字。

“韦（韋）”由表示城邑的“囗”[1]和表示人脚掌、动作的“止”组成，会的就是围绕、围困和保卫城邑的动作和状态，本义就是围绕。

后来，“韦”借去表示皮革，只好在“韦”的外部再加一个“囗”，另造“围”字，表示其围绕的本义。

图 7.45　韦

① “囗”表示城邑、城墙，一般用作部首，不单独成字，用作部首时俗称“国字框”，比如国、围等字。

韦　甲骨文　合集0826

韦　甲骨文　英国所藏甲骨集 y0305c

韦　金文 商 韦鼎

韦　简帛 战国 睡虎地秦简·秦律十八种 89

韦　小篆 说文

韦　隶书 东汉 张迁碑

韦　楷书 唐 颜真卿

韦　行书 元 赵孟頫

韦　草书 隋唐 虞世南

图 7.46

而表示纬线的“纬（緯）”字，正是由一个表示丝线的“糸”和一个表示围绕的“韦”组成。[①]

用“韦”表示纬线，是在早期织机编织的过程中，经线不动，纬线需要不断围绕经线穿插才能最终编织成布帛的缘故。

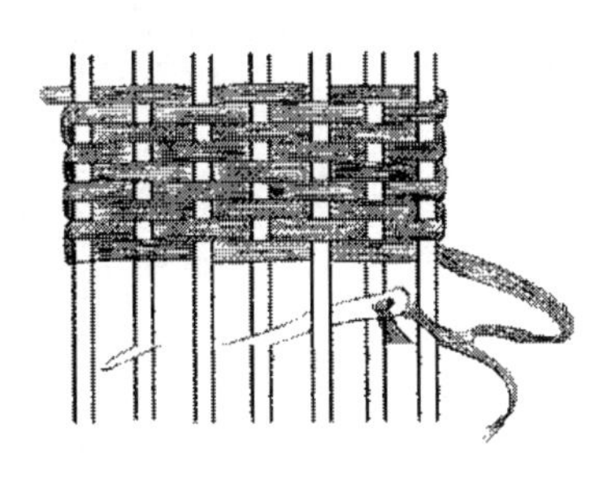

图 7.47　纬

纬　简帛 战国 包山楚简 2·259

纬　小篆 说文

纬　隶书 东汉 曹全碑

纬　楷书 唐 欧阳询

纬　行书 明 王铎

纬　行草 明 文徵明

图 7.48

① 一般认为，“纬”字中的“韦”单独表音。不同意此观点。

因此，“纬”的本义就是围绕经线进行编织的横线。

值得一提的是，之所以将“韦”借去表示皮革，也是需要用皮革条索围绕竹简捆扎以编制成“册”的缘故。

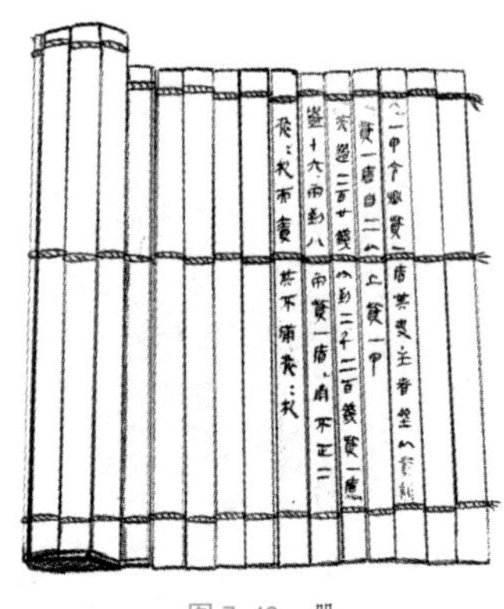

图 7.49　册

册　甲骨文　合集 2935

册　金文 集成 1737

册　小篆 说文

册　隶书 三国 王基断碑

册　楷书 隋唐 虞世南

册　行楷 南宋 文天祥

册　草书 明 张弼

图 7.50

把“册”用双手（“廾”）举起来，或者放在桌案［“几（丌）”[①]］上就是“典”字，本义就是典册、放置典册。

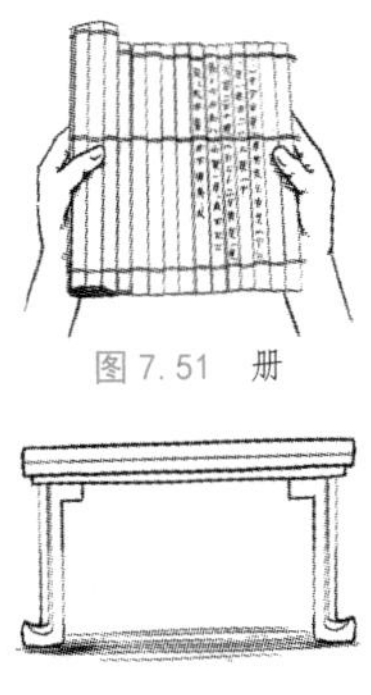

图 7.51　册

图 7.52　几

“廾”（gǒng）就是左右手合起来的样子，表示双手，也是“拱”的初文。

廾　甲骨文　合集 1022

廾　金文 商或西周 廾鼎

图 7.53

“几（丌）”（jī）就是桌案、基座的象形。

几（丌）　金文 战国 集成 332

几（丌）小篆 说文

几（丌）　简帛 战国 郭店楚简·唐虞之道 27

图 7.54

①《说文》幾、丌、几三字不同，分别为“微”“下基”“踞几”之义，后都简化为“几”，在此不展开。

而需要用双手举起当众宣读，或者放置在几案、供桌上的“册”，当然应该是具有示范意义的文件，所以也引申出了“具备标准”“示范意义的文件”及“标准”等意思。又由于常常在重大场合和仪式上宣读“典”，所以这些仪式又叫“典礼”或者“大典”。

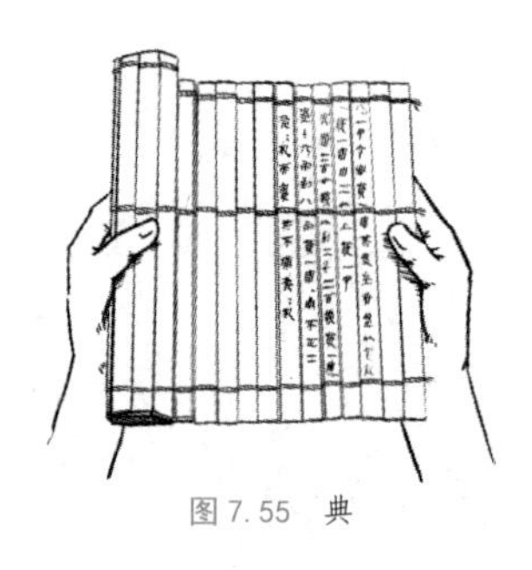

图7.55 典

典 甲骨文 合集2939

典 金文 西周 格伯簋

典 简帛 战国 包山楚简3

典 小篆 说文

典 隶书 东汉 曹全碑

典 楷书 唐 颜真卿

典 行书 唐 李邕

典 草书 隋 智永

图7.56

从“册”“典”的古字形都可以看出，长条状的纵向竹简需要用皮革横向“韦”起来才能成为册使用。我们常讲的成语“韦编三绝”、三国名人“典韦”的起名，都与此有关。

也因此，后来的“纬”引申出缠捆、编织、治理、地理学上的东西等义。

我们现在说的“纬度”“高纬”“低纬”“南纬”“北纬23度26分”“经天纬地”等，都是从这里来的。

伴随着古人在生产生活实践中的探索，华夏先人在“手经指挂”的基础上不断改进，逐步发明出能够进行开口、引纬、打纬三项主要织造运动的原始织机——踞织机，也称“腰机”。

图7.57　原始腰机

踞织机是世界上最古老、构造最简单的织机之一，我国早在新石器时代已有出现。浙江河姆渡遗址、良渚文化遗址，江西贵溪春秋战国墓群中都出土了一些腰机的零部件，如打纬刀、分经棍、综杆等。

在云南石寨山遗址出土的汉代铜制贮贝器的盖子上有一组纺织铸像，生动地再现了当时的人们使用腰机织布的场景。

早期腰机的主要构成：前后两根横木相当于现代织机上的卷布轴和经轴，两轴一根缚腰部，一根用脚蹬，将织机经线撑起；另有一把刀、杼子、分经棍与综杆。织造时，织工席地而坐，依靠腰与

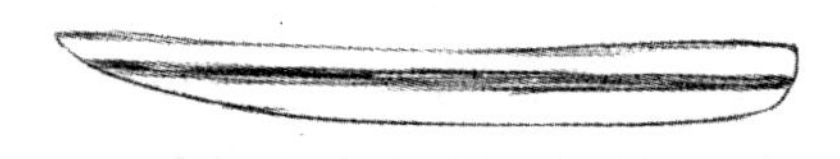

图 7.58　河姆渡文化木机刀

图 7.59　汉代铜制贮贝器上的纺织铸像

两脚绷紧经线并控制经线的张力。通过分经棍把经丝分成上下两层，形成一个自然的梭口，再用竹制的综杆从上层经丝上面用线垂直穿过上层经纱，把下层经纱一根根牵吊起来，这样用手将棍提起便可使上下层位置对调，形成新的织口，众多上下层经纱均牵系于一综，“综合”一词便由此而来。

图 7.60　当代黎族踞织机

基于此，我国的原始腰机已经能够进行上下开启织口、左右穿引纬纱、前后打紧纬纱三项主要运动，为提高生产效率、发明现代织机奠定了坚实的基础。

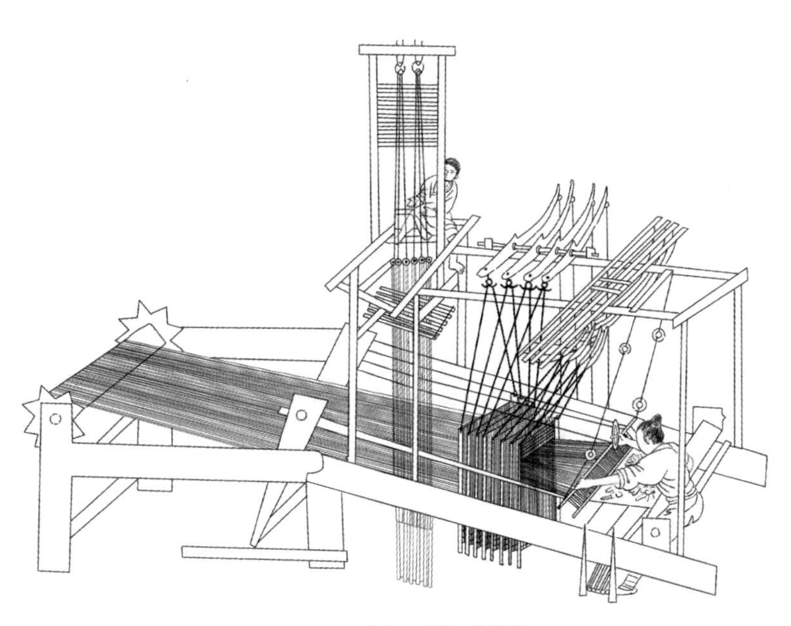

图 7.61　《天工开物》花楼机

（五）布、巾

伴随着一条条经线纬线的相交，各种丝织品就产生了，比如“布”。

“布”本义就是麻织品，后指代所有丝织品。

“布”由表意的“巾”和表音的“父”组成。下部的“巾”就是布匹织好染色后晾晒的象形。这道工序被称为“暴布”。后来由于河流高低落差形成的状态与暴布相似，就另加三点水称之为“瀑布”。

图7.62　巾　示意图

图7.63　瀑布

布　金文 西周 作册睘尊

布　简帛 战国 上博楚竹书六·竞公疟10

布　小篆 说文

布　隶书 东汉 曹全碑

布　楷书 唐 颜真卿

布　行书 元 赵孟頫

布　草书 唐 怀素

图7.64

父　甲骨文　合集3650

父　金文 商 父癸方鼎

父　简帛 战国 上博楚竹书一·孔子诗论9

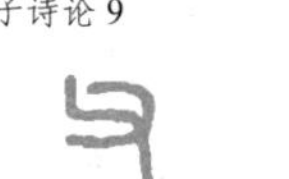

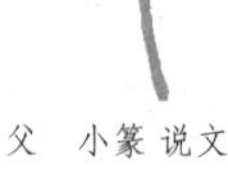

父　小篆 说文

父　隶书 三国 王基断碑

父　楷书 唐 颜真卿

父　行书 元 赵孟頫

父　草书 唐 贺知章

图7.65

前文已述，古代平民多穿麻布制作的衣服，所以“布衣”常被用来表示身份地位低下，后来也逐渐成为平民的代称，比如诸葛亮名篇《出师表》中的“臣本布衣，躬耕于南阳，苟全性命于乱世，不求闻达于诸侯”。

“布”字在表示布匹的总称后，由于布匹“展开”的特性，也逐步引申出“展开”“散布”“铺设”“宣告”“陈述”“施与”等意思。我们今天常说的“分布”“布置”“布局”“宣布”“布化”“布告”“开诚布公”“星罗棋布”“排兵布阵”“云布雨施”等，都由此而来。

关于布的名作也有不少，比如我们熟知的李白的《望庐山瀑布》：“日照香炉生紫烟，遥看瀑布挂前川。飞流直下三千尺，疑是银河落九天。”

当然，还有更具教育意义的千古名篇汉乐府诗《长歌行》：

青青园中葵，朝露待日晞。
阳春布德泽，万物生光辉。
常恐秋节至，焜黄华叶衰。
百川东到海，何时复西归？
少壮不努力，老大徒伤悲。

巾　甲骨文 殷墟书契前编 7·5·3

巾　金文 西周 集成 9728

巾　小篆 说文

巾　隶书 东汉 衡方碑

巾　楷书 唐 欧阳询

巾　行书 隋 智永

巾　草书 元 赵孟頫

图 7.66

（六）帛、锦、缯、缣、绮、绫、罗、绸、缎、葛

1. 帛

麻织出来的叫“布”，丝织出来的就是“帛”。

前文说过，练好的丝为“纯”，绩好的丝线呈现“素”色。那么，用不染色的“纯”织出来的丝织物就是“帛”。

这是帛的上古文字及其流变：

帛　甲骨文　合集1096

帛　金文 西周 九年卫鼎

帛　简帛 战国 上博楚竹书二·鲁邦大旱2

帛　小篆 说文

帛　隶书 东汉 华山庙碑

帛　楷书 元 赵孟頫

帛　行书 东晋 王羲之

帛　草书 东晋 王献之

图7.67

很明显，“帛”由一个表示织物的“巾”和一个表示“白色”的“白”[1]组成，“白”亦表音。“帛”本义就是未经染色，呈现白色的丝织物，后来成为所有丝织物的统称。

因其质地轻柔、坚固，色泽洁白，古人又将“帛”作为主要书写材料使用，因此其和竹简并称为“竹帛”或“简帛”，到六朝时才基本被纸所替代。

由于“帛”可以卷起来收藏，所以后来又把书籍称为“卷”。[2]比如《三国志》讲“虽在军旅，手不释卷”；比如陶渊明也说“开卷有得，便欣然忘食”。

因此，我们现在也会讲“帛书”“名垂竹帛”等。

提到“帛”的文学作品也有不少，比较有名的有白居易《琵琶行》的名句“曲终收拨当心画，四弦一声如裂帛。东船西舫悄无言，唯见江心秋月白”；还有唐朝章碣的《焚书坑》，颇为辛辣：

竹帛烟销帝业虚，关河空锁祖龙居。
坑灰未冷山东乱，刘项原来不读书。

白 甲骨文 合集1095

白 金文 西周 小臣宅簋

白 简帛 战国 上博楚竹书一·缁衣18

白 小篆 说文

白 隶书 东汉 曹全碑

白 楷书 唐 柳公权

白 行书 元 赵孟頫

白 草书 明 王宠

图 7.68

[1]“白”字后文详述。

[2] 出自段玉裁：“古曰篇，汉人亦曰卷。卷者，缣帛可卷也。”

2. 锦

“帛”字加上一个“金”字，就是“锦”字。

“锦”字中“帛”表意，“金”[①] 表音。

《说文》讲“襄邑织文。从帛，金声”[②]，后人也讲“襄，杂色也”“染丝织之，成文章也”。

可见，“锦”的本义就是用染过色的各种彩色丝线织成各种图案的丝织品。

我国历来有“四大名锦”的说法，分别是云锦、蜀锦、宋锦、壮锦，其中云锦产自南京，蜀锦产自成都，宋锦产自苏州，壮锦产自广西。“锦”因其色彩斑斓、鲜艳华美、价格贵重而为人所知，所以有观点表示“锦”字之所以从“金”且“金”声，是因为“织采为文，其价如金”。

锦　简帛 战国晚期 睡虎地秦简·法律答问 162

锦　小篆 说文

锦　楷书 唐 钟绍京

锦　行书 元 赵孟頫

锦　草书 明 王铎

图 7.69

金　金文 西周 集成 2725

金　小篆 说文

金　隶书 东汉 赵宽碑

金　楷书 唐 颜真卿

金　行书 北宋 苏轼

金　草书 南宋 文天祥

图 7.70

① “金”字不展开。

②《说文》为“襄邑织文”，徐锴《说文系传》讲“襄色织文”“襄，杂色”，朱骏声通训定声“染丝织之，成文章也”。

当然，不管是哪种观点，“锦”在后来确实引申出华美、贵重等义。

比如唐朝李商隐的“锦瑟无端五十弦，一弦一柱思华年”中的“锦”字就是漆绘如锦般华美的意思。

还有三国时的马超被称为“锦马超”、甘宁被称为“锦帆贼”，隋炀帝被称为“锦帆天子”，李白被称为“锦袍仙”。此外还有“锦囊妙计”“锦衣玉食”“锦绣前程”等词。

三国时，成都生产优质蜀锦，并成为蜀汉政权的重要财政收入，来源因此蜀汉建立锦官城并设锦官保护蜀锦生产，成都锦官城的称呼由此产生。后来，因杜甫一首《蜀相》，锦官城从此名扬天下：

图 7.71　无极锦香囊，国家博物馆藏

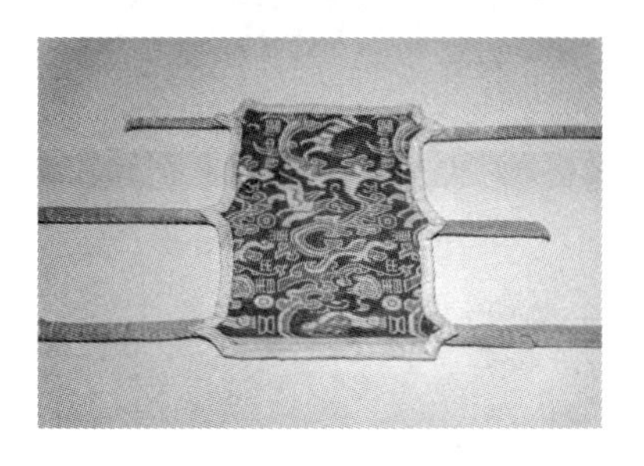

图 7.72　“五星出东方利中国”汉代织锦护臂，中国首批禁止出国（境）展览文物

丞相祠堂何处寻，
锦官城外柏森森。
映阶碧草自春色，
隔叶黄鹂空好音。
三顾频烦天下计，
两朝开济老臣心。
出师未捷身先死，
长使英雄泪满襟。

3. 缯

一个表示丝线的“糸”，加上一个“曾”，就是表示丝织品的“缯”。

其中“糸”表意，“曾”表音，《说文》讲“缯，帛也，从糸，曾声”，历来就是丝织物的总称。

但《本草纲目》曾说“厚帛曰缯”①，可见缯有“厚帛”的意思。

而“曾”字为蒸煮炊具的象形，本义是蒸饭用的“甑”。由于“甑”被“箅子”分为上下两层，所以汉字中带“曾”的字多与“分层”“递进”有关，比如隔代的“曾祖”“曾孙”；表示重屋、分层的“层（層）”；表示梯田的“磳”；表示增加的“增”；表示赠予的“赠”；等等。

缯　小篆 说文

缯　隶书 西汉 北大简

缯　楷书 唐 殷玄祚

缯　行书 北宋 苏轼

缯　草书 元 赵孟頫

图 7.73

曾　甲骨文　合集 2202

曾　金文 西周 小臣鼎

曾　简帛 战国 上博楚竹书五・季 21

曾　隶书 东汉 曹全碑

曾　楷书 唐 颜真卿

曾　行书 北宋 米芾

曾　草书 唐 贺知章

图 7.74

①《本草纲目・服器一・帛》曾说“素丝所织，长狭如巾，故字从白巾。厚者曰缯”。

所以“厚帛”“多层的织物”也有可能是“缯”的本义，后来才引申为所有织物的名称。

“缯”字，虽然我们现在很少使用，但历史上较为常见，比如白居易就曾说过：“缯帛如山积，丝絮似云屯。”苏轼也曾在《和董传留别》中有这样的名句：“粗缯大布裹生涯，腹有诗书气自华。”

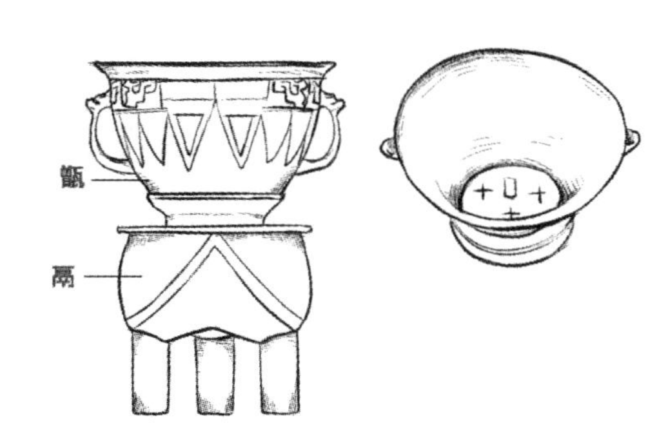

图 7.75　甑示意图

图 7.76　南方蒸米饭的甑子

4 缣

“缣”由表示丝线的“糸”和表示一并、兼顾的“兼”构成。

缣 小篆 说文

缣 隶书 北周 铁山石颂

缣 楷书 唐 颜真卿

缣 行书 北宋 苏轼

缣 草书 元 赵孟頫

图 7.77

兼 金文 战国 十七年丞相启状戈

兼 简帛 楚曾 11

兼 小篆 说文

兼 隶书 东汉 夏承碑

兼 楷书 唐 颜真卿

兼 行书 东晋 王献之

兼 草书 唐 孙过庭

图 7.78

“兼”字像一只手（“又”）抓住两株禾苗（“禾”）的样子，本义就是兼及、一并、并得。[①]

所以,《说文》讲“缣，并丝缯也”，本义就是双经双纬织成的较为致密的绢帛，后来才作为量词等使用。

图 7.79　缣

白居易就曾在《阴山道》写道：“缣丝不足女工苦，疏织短截充匹数。”李白也有“鲁缟如白烟，五缣不成束”的诗句。

禾　甲骨文 合集 1506

禾　金文 商 大禾方鼎

禾　小篆 说文

禾　楷书 唐 颜真卿

禾　行书 北宋 蔡襄

禾　行草 明 韩道亨

图 7.80

图 7.81

图 7.82

图 7.83

① 一手抓一禾为“秉”，一手抓两禾为“兼”。

5. 绮

“绮”由表示丝线性质的“糸”和一个“奇”字组成。

《说文》讲“绮，文缯也”，可见指的是带花纹、纹路的“缯”，前文已述，“缯”是丝织品的统称，因此“绮”也就是带花纹、纹路的丝织品。

一般认为“奇”在“绮”中仅表音，不过相对于平平无奇的“缯”来说，有花纹、纹路的“绮”确实是独特、特殊的。

绮 小篆 说文

绮 楷书 唐 欧阳询

绮 行书 东晋 王羲之

绮 草书 元 赵孟頫

图 7.84

奇 简帛 战国 包山楚简 75

奇 小篆 说文

奇 隶书 唐 叶慧明碑

奇 楷书 唐 欧阳询

奇 行书 东晋 王羲之

奇 草书 明 王铎

图 7.85

至于“绮”的纹路织法，有观点表示，“绮”是一种平纹上浮纹显花的单层丝织物，也就是故意漏掉几针不交织，经线或者纬线就会浮在织物上，进而显出花纹。

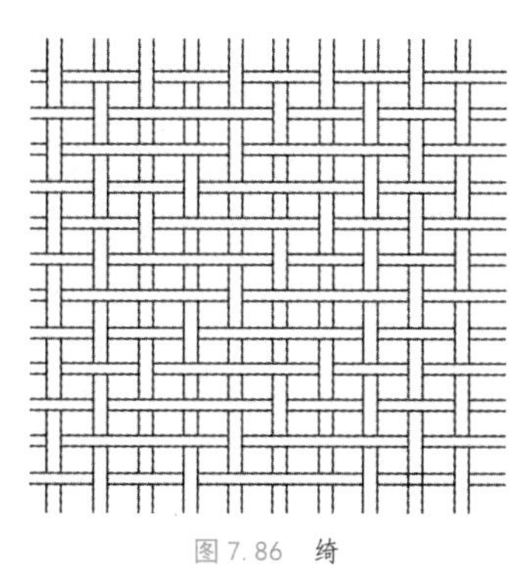

图 7.86　绮

如果基于这个观点，“绮”字里边的“奇”符很有可能就是“骑”省，因为纬线在编织时会基于花纹设计跨越多条经线，确实就像“骑”在经线上边。

骑　甲骨文　合集 0259、合集 17989

骑　金文 战国 骑传马节

骑　小篆 说文

骑　隶书 东汉 史晨碑

骑　楷书 唐 欧阳询

骑　行书 元 赵孟頫

骑　草书 唐 怀素

图 7.87

图 7.88　骑

后来的“绮”也引申出华丽、精美、珍贵等义，我们后来看到的“绮丽”“绮梦”“绮思”“朱楼绮户”“余霞成绮”等，都由此而来。

相关的名句也不少，比如王维的“来日绮窗前，寒梅着花未”；比如李白的“少年游侠好经过，浑身装束皆绮罗”“蜀僧抱绿绮，西下峨眉峰”等；当然，最有名的，当数苏轼那首千古名篇《水调歌头·明月几时有》了：

明月几时有？把酒问青天。
不知天上宫阙，今夕是何年。
我欲乘风归去，又恐琼楼玉宇，高处不胜寒。
起舞弄清影，何似在人间。
转朱阁，低绮户，照无眠。
不应有恨，何事长向别时圆？
人有悲欢离合，月有阴晴圆缺，此事古难全。
但愿人长久，千里共婵娟。

6. 绫

“绫”由表意的“糸”和表音的“夌”[1]组成，本义是细薄、有光泽、有花纹的丝织品。

有观点指出，之所以称“绫”，是因为“纹如冰凌、光如镜”。

但也有观点认为，“绫”就是基于“绮”发展起来的，采用斜纹组织或斜纹提花组织，似缎而薄的丝织物。从造字上看，这是有可能的，汉字中含“夌”的字，都与三角形、菱形（两个三角形）有关。比如“棱”是有四角的木材；“陵”是呈现尖顶的大土山；“菱”的叶子呈现菱形，果实带角；“崚”形容山高峻陡峭；等等。

历史上除了“半匹红纱一丈绫”，还有很多描述“绫”的名句，比如白居易的《杭州春望》：

望海楼明照曙霞，护江堤白踏晴沙。
涛声夜入伍员庙，柳色春藏苏小家。
红袖织绫夸柿蒂，青旗沽酒趁梨花。
谁开湖寺西南路，草绿裙腰一道斜。

绫　金文 春秋 庚壶

绫　小篆 说文

绫　楷书 明 文徵明

绫　行书 明 王铎

绫　草书 东晋 王羲之

图 7.89

① “夌”字不展开。

7. 罗（羅）

“罗（羅）”字前文已述，本义是捉鸟的网。

因此后来也引申出“细密的筛子”“包括”“排列”“张网捕捉”“搜集”等意思。

作为丝织品时，“罗”表示的是质地较为稀疏、轻软有细孔的丝织品。

历史上描述“罗”的诗句不少，比如曹植《洛神赋》中的“凌波微步，罗袜生尘”，如果按照本义，应该是指丝质的有细孔的袜子；比如曹植的《美女篇》“罗衣何飘飘，轻裾何时还”；还有杜牧的“轻罗小扇扑流萤”。

当然，肯定少不了后主李煜的《浪淘沙》：

帘外雨潺潺，
春意阑珊。
罗衾不耐五更寒。
梦里不知身是客，
一晌贪欢。
独自莫凭栏，
无限江山，
别时容易见时难。
流水落花春去也，
天上人间。

罗 甲骨文

罗 金文

罗 小篆

罗 隶书 曹真碑

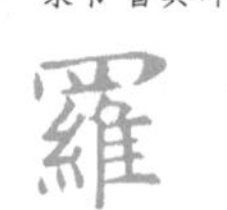

罗 楷书 唐 褚遂良

罗 行书 元 赵孟頫

罗 草书 元 鲜于枢

图 7.90

8. 绸

“绸”字由表意的“糸”和表音的“周”[①]组成，本义是束缚。

所以《说文》讲“绸，缪也”，“绸缪”二字也就经常连用。

比如《诗经·豳风·鸱鸮》就曾讲“迨天之未阴雨，彻彼桑土，绸缪牖户”，意思是鸱鸮在没有下雨前，已经捆束薪材修补窝巢，后喻事先预备，防患未然，也是成语“未雨绸缪”的来历。

后人也用“绸缪”表示情意殷切，比如白居易的“四海齐名白与刘，百年交分两绸缪”；再如王实甫《西厢记》就有“你绣帏里效绸缪，倒凤颠鸾百事有”的句子。

另外“绸”在古文中经常和稠密的“稠”通用，比如《诗经·小雅·都人士》就讲“彼君子女，绸直如发”。

同时，“绸”也表示细软的丝织品，特别是用“丝绸”“绸缎”来代表所有丝织品，后来我们常常听到的“丝绸之路”“绸缎庄”等，就是如此用法。

绸　简帛 楚 包牍1

绸　小篆 说文

绸　楷书 唐 褚遂良

绸　行书 元 赵孟頫

图7.91

①“周”字不展开，“紬”字形不表。

9. 缎

一般认为，“缎”字由表意的“糸”和表音的“段”组成，表示质地厚密、一面有光泽的丝织品。①

历史上的“缎”织物出现较晚，一般认为产生于唐朝，但后世却颇为流行，最早写作“段”，后来才改为“缎”字，由此可知“缎”中的“段”字符不应仅表音。

其实，“缎”是利用缎纹组织的各种花、素丝织物。

所谓“缎纹组织”，简单来说是指编织时经线或纬线浮线较长、交织点较少的组织方式。织成后，经、纬只有一种以浮长形式布满表面，并遮盖另一种均匀分布的单独组织点。经浮长布满表面的称“经缎”；纬浮长布满表面的称“纬缎”。

缎　楷书 元 俞和

缎　草书 元 邓文原

段　金文 西周 段簋

段　小篆 说文

段　隶书 东汉 曹全碑

段　楷书 元 赵孟頫

段　行书 明 文徵明

段　草书 东晋 王羲之

图 7.92

① “段”字本义为用锤子在石头上敲打，是“碫”“锻”的初文，本义就是锻炼，后来又表示条状成段的事物。在此不展开。

因此不管是经缎还是纬缎，当同一方向的浮线聚集在一起的时候，必然更具光泽感和光滑感。缺点在于容易剐丝损坏，虽然光滑但是不够柔软。

之所以称为“段”，应该和面料上长长的浮线呈现出一段一段的状态有关。

“缎”因其光泽华丽而备受欢迎，民间俗称“缎子”，是丝绸产品中技术最为复杂、织物外观最为绚丽多彩、工艺水平最高级的大类品种。

图 7.93　缎　示意图

10. 葛

“葛”字，从“艹”，“曷”声。本义是一种多年生豆科藤本植物。块根可食用，也可以入药；茎皮纤维可以制作布匹和纸张。

图 7.94　葛草图

葛　小篆 说文

葛　隶书 三国 曹真碑

葛　楷书 唐 欧阳询

葛　行书 北宋 米芾

葛　草书 东晋 王羲之

图 7.95

葛藤长可达 8 米，是天然的绳子形态。因此，用其结绳、绑扎非常方便，实用性强。

和绩麻工艺类似，将其韧皮劈分、捻合，即可获得葛纱，因此又称为“葛麻”；用葛纤维织成的布，就叫“葛布”。

《尚书·周书》有言：“葛，小人得其叶以为羹；君子得其材以为絺绤，以为君子朝廷夏服。”

这里的“絺”指的是细葛布，“绤”指的是粗葛布。所以《说文》讲：“葛者，絺绤草也。”

有观点认为，“葛”的使用更早于麻。不管哪种观点，我国确实很早就对“葛”进行利用了。

比如《周礼·地官·掌葛》：“以时征絺绤之材。”

比如《公羊传·桓公八年》讲“士不及兹四者，则冬不裘，夏不葛”，也是成语“冬裘夏葛”的来历，用来比喻要根据客观环境的变化，适当调整应对措施。

再比如《诗经·王风·采葛》中就有描述采葛的诗句：

彼采葛兮，一日不见，如三月兮。
彼采萧兮，一日不见，如三秋兮。
彼采艾兮，一日不见，如三岁兮。

这也是成语“一日不见，如隔三秋”的来历。

八

素帛染色

（一）染色："中国术"

无论是"练"好的"丝"，"绩"好的纱线，还是织好的"布""帛"，都呈现出"纯"和"素"的白色。只有染上各种颜色，才能制作出色彩斑斓的华美织品。

对于色彩的运用最早不一定是在纺织领域，岩画、彩陶、文身等都分别促进了着色、染色技术的发展。

比如在北京周口店山顶洞人遗址（距今 2.7 万年左右），就从鱼骨和贝壳串成的首饰孔中，发现了呈朱红色的颜料——赤铁矿粉；比如距今 8000 年的大地湾文化和紧随其后的仰韶文化，就以彩陶闻名于世。

由于丝织品极易腐烂，新石器时代的染色织物实物较为少见，不过我们依然在河南青台遗址（距今 5500 年）发现了被涂染成绛色的绞经罗纹织物；还有浙江钱山漾遗址（距今 4800 年）出土的丝帛和丝绳，也有涂染过红色的残迹。

从史料看，则更为丰富。

比如《诗经·小雅·采绿》有"终朝采蓝"，说明在春秋以前，人们已经发现并能使用蓝色染料；《诗经·豳风·七月》有"载玄载黄，我朱孔阳，为公子裳"，说明已经可以染制"玄""黄"

两色。

据《周礼·地官》记载，周朝官方已经设有“染人”和“掌染草”的专业官职，对染色生产和染料的征集、加工分别专管。

《尔雅·释器》讲“一染谓之縓，再染谓之赪，三染谓之纁”，这里的縓是指浅红色，赪表示浅赤色，纁表示赤红色。这里提到的“一染”“再染”“三染”，意思是经过三次才能得到“纁”的颜色，说明在战国之前已经掌握复染工艺。[①]

《周礼·考工记·钟氏》记载：“钟氏染羽，以朱湛丹秫，三月而炽之，淳而渍之。三入为纁，五入为緅，七入为缁。”这里的“朱湛”指的是朱砂，“丹秫”指的是古代用作染料的粟类农作物，意思是用水浸泡朱砂和丹秫三个月，然后用火炊煮就可以得到染料，连续染上三次、五次、七次，颜色就会变成纁、緅（黑里带红的颜色）和缁（黑色）。这表明，在战国以前，人们已经掌握利用两种染料染制第三种色彩的套染工艺。

由此可见，我国传统染色很早就具有高超的水平，不仅色彩种类繁多，色泽艳美，而且染色牢固，不易褪色，被西方称为“中国术”。

① 有观点表示纁为黄赤色，此处依《说文》“纁，浅绛也”“绛，大赤也”观点。

（二）染法

古代染色方法主要有石染、草染两种，石染用朱砂等矿物染料，草染则用植物提炼染料。由于植物染料更容易得到，草染便逐步成为主要方式。

植物制作染料的部位大多是枝叶花实。染色时，古人会先将植物的枝叶、花或者果实捣碎，再将用盐水（或其他固色剂）蒸煮过的布料与其一同浸泡入水着色。

所以古人就用“水”字加上表示枝叶花实的“朵”字符造了染料的“染”字。

图 8.1　捣碎植物的花、叶

图 8.2　蒸煮布料

图 8.3　染

水　甲骨文　合集1305

水　金文 西周 沈子它簋盖

水　简帛 战国 上博楚竹书二·容成氏53

水　隶书 东汉 白石神君碑

水　楷书 唐 欧阳询

水　行书 元 赵孟頫

水　草书 唐 怀素

图8.4

朵　小篆 说文

朵　隶书 西汉 马王堆

朵　楷书 东晋 王羲之

朵　行书 元 赵孟頫

朵　草书 明 王铎

图8.5

染　小篆 说文

染　简帛 西汉 马王堆

染　金文 西汉 史侯家染杯

染　楷书 唐 颜真卿

染　行书 元 赵孟頫

染　草书 唐 怀素

图8.6

后来字形逐步发生变化，成为“水”加“杂”的“染”字字形，但实际上《说文》并没有收录“杂”字，而且今天的简化“杂”字对应的繁体字形为“雜”。

因此，有观点依据后期字形认为“染”字中“水”表示浸泡，“九”表示染的次数，“木”表示植物染草，合起来就是“染”。这应该是后起之义。

杂　小篆 说文

杂　隶书 西汉 马王堆

杂　楷书 东晋 王献之

杂　行书 元 赵孟頫

图 8.7

（三）诸色

由于我国古代染色植物种类繁多，因此色谱丰富。据考证，古籍中记载的可以用于染色的植物有几十种，染出的颜色丰富多彩，能有几百种。而早期各类染料的主要用途是染制丝线和丝织品，因此汉字中的“绛”“缟”“绿”“素”“紫”“红”等表颜色的字大部分都以“糸”为唯一的表意偏旁，如：

绿，“帛青黄色也”。段玉裁注：“绿色青黄也。”

缥，“帛青白色也”。《释名》：“缥犹漂，漂，浅青色也。”

缙，“帛赤色也”。《急就篇注》：“缙，浅赤色也。”

绪，“赤缯也。以茜染，故谓之绪”。《广韵》：“青赤色。”

缇，“帛丹黄色也”。《博雅》：“赤也。”《广雅·释器》：“缇，赤也。”

縓，“帛赤黄色”。《经典释文》：“縓，浅赤也，今之红也。”《仪礼注》：“浅绛也。”

紫，“帛青赤色”。《释名》：“紫，疵也，非正色，五色之疵瑕，以惑人者也。”

红，“帛赤白色”。段玉裁注：“按，此今人所谓粉红、桃红也。”《释名》：“红，绛也；白色之似绛者。”

绀，“帛深青扬赤色”。段玉裁注：“扬，当作阳。按，此今之天青。”用于帛色。《博雅》：“苍青也。”《释名》：“绀，含也，青而含赤色也。”

綥，“帛苍艾色；一曰，不借綥”。段玉裁注：“苍者，草色也。艾者，冰台也。苍艾色，谓苍然如艾色。”

缲，“帛如绀色”。《博雅》：“缲谓之缣。”《广雅·释器》：“缲，青也。”

缁，“帛黑色也”。《释名》：“缁，滓也，泥之黑者曰滓，此色然也。”《广雅·释器》：“淄，黑也。”

纔，“帛雀头色。一曰，微黑，色如绀；纔，浅也”。段玉裁注：“《周礼·巾车》‘雀饰’注曰：‘雀，黑多赤少之色。’玉裁按：今目验雀头色，赤而微黑。”桂馥义证：“一曰微黑色如绀，‘纔，浅也’者，言浅于绀也。”

綟，“帛莀草染色”。《广雅·释器》：“绿綟、紫綟，彩也。”

緫，“帛青色”。段玉裁注：“《尔雅》青谓之葱。葱即緫也，谓其色葱。葱，浅青也。深青则为蓝矣。”

缟，“鲜色也。从系，高声”。段玉裁注：“许谓缟即鲜支。”

絑，“纯赤也。《虞书》‘丹朱’如此”。《玉篇》：“絑，纯赤也。”

纁，“浅绛也”。《尔雅·释器》：“三染谓之纁。”郭璞注：“纁，绛也。”

绛，“大赤也”。《释名》：“绛，工也；染之难得色，以得色为工也。”《广雅·释器》：“绛，赤也。”

绾，“恶也，绛也。……绡也”。《集韵·换韵》：“绾，绛浅色。”

绌，“绛也”。段玉裁注：“此绌之本义，废而不行矣。”

绯，帛赤色也。

缃，“帛浅黄色也”。

缬，“帛青赤色也”。

等等。

可见纺织业的发展是染色技术进步的基础，并起到了一定的促进作用。

（四）色字

前文说过，练好的丝为“纯”，绩好的麻线呈现“素”色，不着色的白色丝织物称为“帛”。

帛　甲骨文　合集1096

帛　金文 西周 九年卫鼎

帛　简帛 战国 上博楚竹书二·鲁邦大旱2

帛　小篆 说文

帛　隶书 东汉 华山庙碑

帛　楷书 元 赵孟頫

帛　行书 东晋 王羲之

帛　草书 东晋 王献之

图8.8

“帛”字由表示白色的“白”和表示布匹的“巾”组成。

而“白”字之所以表示白色，是因为其古文字形为人大拇指指甲的象形，并指示指甲月白的位置，其为白色，故表示白的含义。

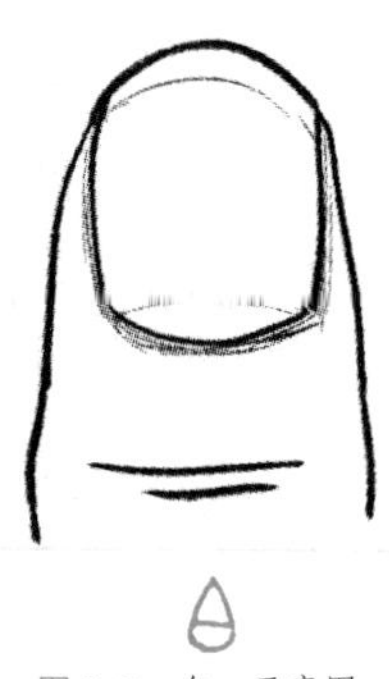

图8.9　白　示意图

又因为“白”[1]表示的大拇指是手指之首，所以“白”又衍生出伯仲的“伯”字，用来表示兄弟中的最长者[2]，后引申出对地位高的掌权者也称为“伯”，如“伯侯”。

此外，“白”也常被借去表示“百”数，年长的人，头发会变白，人生不过百数，可备一说。

白　甲骨文 合集1095

白　金文 西周 小臣宅簋

白　简帛 战国 上博楚竹书一·缁衣18

白　小篆 说文

白　隶书 东汉 曹全碑

白　楷书 唐 柳公权

白　行书 元 赵孟頫

白　草书 明 王宠

图8.10

① 古籍中“白”通常表示“伯”。

② 嫡出为“伯”，庶出为“孟”。

此外，“丹”“朱”“赤”虽然同色系，但来源不同。

比如“丹”，右是“丹”的古文字及其流变。

可以看出来，“丹”字就是在“井”[①]字的基础上，加了一点，用以指示矿井中出产的丹砂。因其与“朱”色相近，又称朱砂。所以《说文》讲：“丹，巴、越之赤石也。象采丹井，一象丹形。”

图 8.11　井

丹　甲骨文 战后京津新获甲骨集 3050

丹　金文 西周 庚赢卣

丹　简帛 楚包 2·76

丹　小篆 说文

丹　隶书 东汉 礼器碑

丹　楷书 东晋 王羲之

丹　行书 北宋 米芾

丹　草书 南宋 陆游

图 8.12

井　甲骨文 合集 2859

井　金文 商 尹光方鼎

井　小篆 说文

井　隶书 东汉 史晨碑

井　楷书 唐 欧阳询

井　行书 北宋 米芾

井　草书 明 王铎

图 8.13

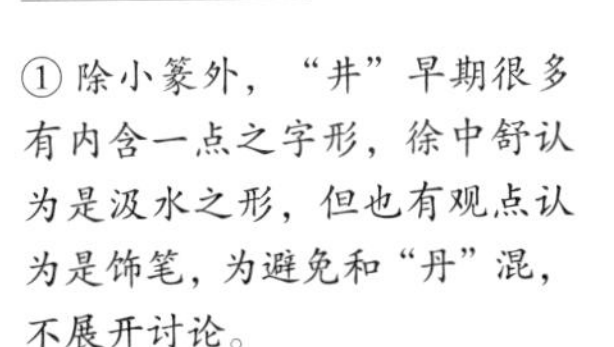

① 除小篆外，“井”早期很多有内含一点之字形，徐中舒认为是汲水之形，但也有观点认为是饰笔，为避免和“丹”混，不展开讨论。

而“朱”字本义为木的主干、植株[1]，其字形也是“木”加一横对主干、植株位置进行指示。

因一些树木木心为朱红色，所以常被借去表示颜色，只好在“朱”的字形上再加“木”字符，形成“株”字表示其植株、主干的本义。[2]

图8.14　朱

图8.15　树木木心多朱红色

朱　甲骨文　合集1449

朱　金文 西周 廿七年卫簋

朱　简帛 战国 睡虎地秦简·效律7

朱　小篆 说文

朱　隶书 东汉 曹全碑

朱　楷书 唐 褚遂良

朱　行书 元 赵孟頫

朱　草书 明 董其昌

图8.16

① 一说“朱”的本义是露出地面的树根、树干和树桩，备之。

② 关于“朱”字，可参考表示树木的“木”、表示树木根部的“本”和表示树木梢部的“末”。

木　甲骨文　合集1402

木　金文 商 木父辛卣

木　简帛 战国 上博楚竹书一·孔子诗论12

木　小篆 说文

木　隶书 东汉 武梁祠刻石

木　楷书 唐 颜真卿

木　行书 东晋 王羲之

木　草书 唐 怀素

图8.17

本　简帛 战国 睡虎地秦简·为吏之道47-2

本　小篆 说文

本　隶书 东汉 曹全碑

本　楷书 唐 颜真卿

本　行书 元 赵孟頫

本　草书 唐 怀素

图8.18

末　简帛 战国 郭店楚简·成之11

末　小篆 说文

末　隶书 东汉 白石神君碑

末　楷书 唐 欧阳询

末　行书 北宋 米芾

末　草书 唐 孙过庭

图8.19

“赤”字古文字形由“大”和“火”组成，大火色赤，故有赤红色之义。[①]

又因为婴儿出生时，身体呈现赤色，所以也称为“赤子”；又因为婴儿一丝不挂和本真的状态，所以“赤”又引申出裸、空无一物和本真、纯粹之义。如“赤裸”“赤条条”“赤地千里”“赤手空拳”“赤胆忠心”等。

赤　甲骨文　合集1226

赤　金文 西周 麦方鼎

赤　小篆 说文

赤　简帛 战国 睡虎地秦简·日乙134

赤　隶书 唐 叶慧明碑

赤　楷书 唐 颜真卿

赤　行书 元 赵孟頫

赤　草书 唐 怀素

图8.20

①“赤”本义有人在火上的火刑罚说，备之。

至于“青”字，则是由表示颜色的“丹”和表示色的参照物的“屮”（小草）组成，意思就是草的颜色。

青

图 8.21

青　甲骨文　簠室殷契征文22

青　金文 西周 吴方彝盖

青　简帛 战国 睡虎地秦简·秦律十八种34

青　小篆 说文

青　隶书 东汉 礼器碑

青　楷书 唐 欧阳询

青　行楷 元 赵孟頫

青　草书 东晋 王羲之

图 8.22

而“黑”的古文字形则由表示烟囱的“⿴”和表示火的“火”组成。本义就是烟囱被火熏黑的样子。

图 8.23

黑 金文 集成 4169

黑 简帛 楚曾 174

黑 简帛 战国 睡虎地秦简·封 23

黑 小篆 说文

黑 隶书 东汉 史晨碑

黑 楷书 唐 欧阳询

黑 行书 元 赵孟頫

黑 草书 明 祝允明

图 8.24

囱 小篆 说文

囱 说文古文

囱 说文或体

火 甲骨文 合集 1219、明藏 599

火 简帛 战国 上博楚竹书七·凡物流形甲本 2

火 简帛 战国 睡虎地秦简·法律答问 159

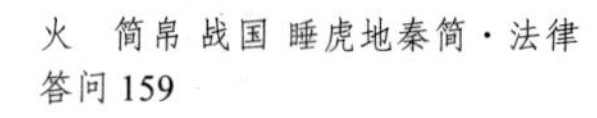

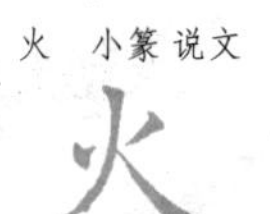

火 小篆 说文

火 楷书 唐 欧阳询

图 8.25

我国北方上古人在早期某段时间挖地穴而居，顶部上面覆盖草木，就是“凵（或口）”字符；后来在地穴的基础上加墙逐步抬高，形成半地穴或者直接在地面构筑房舍，就是“宀”。

因此，我们古人把位于房屋墙上的窗户叫作“牖”，把北边墙上的窗户叫作“向”。所以《过秦论》讲“陈涉瓮牖绳枢之子”，就是形容用没底的破瓮当窗户、用绳子当门轴的贫穷家庭出身。

此外，又把位于屋宇顶部的“天窗”，叫作“囱”。“囱”就是“窗”的本字，主要用于屋中点火时走烟通气。

后来才用“窗”替代“牖”“向”等。

地穴　8000—4000年前

半地穴　8000—4000年前

木骨泥墙原始地面房屋
8000—4000年前

图8.26

也有人依据“黑”从“大”的甲骨文字形表示，“黑”象在人脸上刺字涂墨的刑罚，因其色“黑”，所以表示黑色。可备一说。

图8.27　黑　甲骨文 甲骨文编·商·燕757

图8.28　黑

九

裁制衣冠

（一）衣的多样性

“衣”“裘”的字形揭示了我国上古时期的服饰面貌，其对应着的，应该是文字符号出现的时期文化较为发达的区域和中华文明早期活动的气候中心。

所以，受地域气候不同、种族生产方式不同、文明形态不同等影响，人类上古服饰注定是多种多样的。

比如甘肃辛店出土的彩陶纹饰，就间接显示了当时原始人穿着“贯口式”服装的样子。

图 9.1

“贯口式”服装是在一整块衣料正中挖孔，将头从中伸出，衣料垂下覆盖身体前后，并系上腰带捆扎的样式。

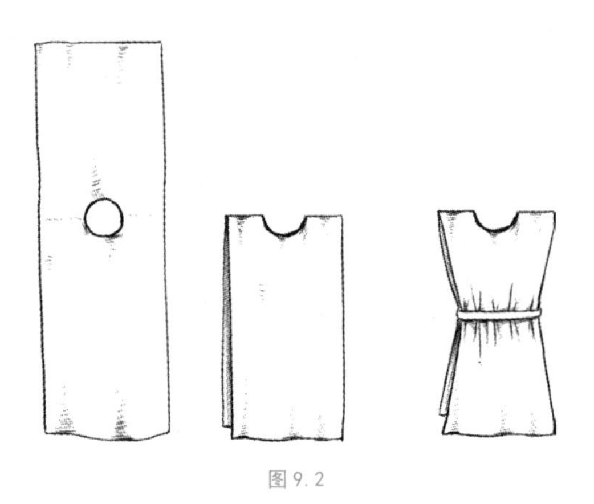

图 9.2

比如在云南沧源岩画当中，出现的只有上身的“平肩式”，至今依然可以在我国台湾少数民族服饰中看到。

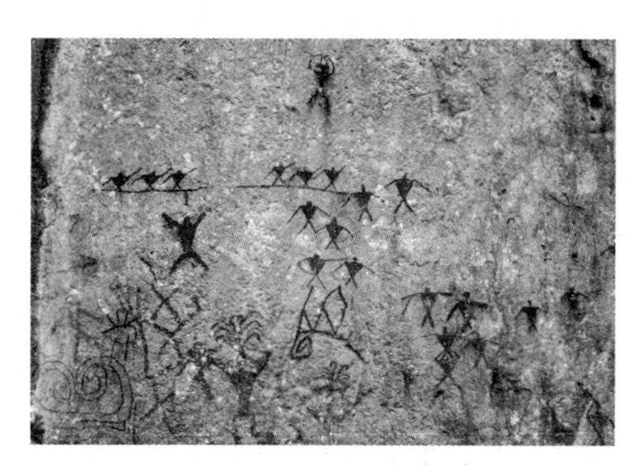

图9.3

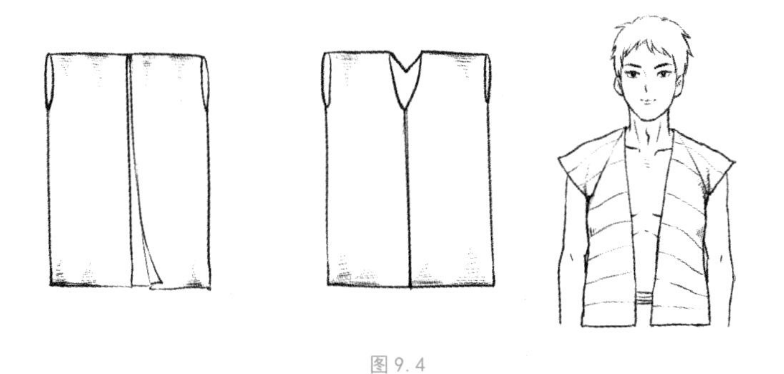

图9.4

还有形如被单的“披围式”。

图 9.5

还有后来中华民族共同使用的“交领右衽式”。

东汉 武梁祠石画 轩辕黄帝像

图 9.6

当然，不管哪种样式，都是建立在与生产力相适应、与生产生活环境相适应的基础上。因此，人类服装无论是“贯口式”“平肩式”，还是“交领式”——不管“左衽”还是“右衽”，其实都是人类智慧在不同地域、不同阶段的闪光，只有风格之别，没有高下之异。

（二）制衣冠

裁剪衣物和衣物各部位名称，也在汉字中体现得淋漓尽致。

1. 裁制

比如“裁”字，就是由一个表示衣服的“衣”和表示伤害的“𢦏”（zāi）组成。《说文》讲“制衣也。从衣，𢦏声”，本义就是裁制衣物。

所以《论衡》讲：“作车不求良辰，裁衣独求吉日，俗人所重，失轻重之实也。”《颜氏家训》讲：“欲暖而惰裁衣也。”

由于裁制服饰需要事先衡量、事中剪除、形成体制、形成风格等，所以后来“裁”字引申出删减、衡量、体制、风格等义。

我们现在常用的“独裁”“总裁”“仲裁”“量体裁衣”“体裁”“别出心裁”等就是从这里来的。

白居易在《缭绫·念女工之劳也》中就曾对染色、裁衣进行描述：

去年中使宣口敕，天上取样人间织。
织为云外秋雁行，染作江南春水色。
广裁衫袖长制裙，金斗熨波刀剪纹。
异彩奇文相隐映，转侧看花花不定。

还有贺知章的名篇《咏柳》：

裁　简帛 战国 睡虎地秦简·秦律十八种 125

裁　小篆 说文

裁　楷书 唐 欧阳询

裁　行书 元 赵孟頫

裁　草书 明 文徵明

图 9.7

碧玉妆成一树高，万条垂下绿丝绦。

不知细叶谁裁出，二月春风似剪刀。

诗人把柳树新叶的生发，用“裁”字表述，可谓妙趣至极。

2. 初、卒

还有“初”字和“卒”字。

“初”字由“衣”和“刀”构成，本义就是裁制衣服。前文已述，既然是裁制衣服，就不能随意裁剪，而是需要提前规划裁剪路线，比如前文说的“裁”就引申出了裁衣前“衡量”的意思，因此“初”也就慢慢引申出了进行规划的初始阶段的意思。

可以说，“裁”和“初”在构形上是同样的思路。只不过“裁”保留了造字本义，而“初”则使用了引申义。

也有观点表示，古人本没有衣服，一般将兽皮用刀裁制而成，“衣之新出于刀”，所以有初始的意思。

不管哪种观点，“初”字诞生于裁制衣服，很早就表示初始之义了。

我们现在常说的“初始”“起初”“初出茅庐”“初生牛犊”“初级”“如梦初醒”“华灯初上”“初心不忘”等都由此而来。

由于表示“初始”，所以与“初”相关的诗词特别多：

张若虚《春江花月夜》中的“江畔何人初见月？江月何年初照人？人生代代无穷已，江月年年望相似”。

纳兰性德《木兰花令·拟古决绝词》中的“人生若只如初见，何事秋风悲画扇。等闲变却故人心，却道故人心易变”。

苏轼《念奴娇·赤壁怀古》中的“遥想公瑾当年，小乔初嫁了，雄姿英发”。

杜甫的《闻官军收河南河北》：

剑外忽传收蓟北，初闻涕泪满衣裳。
却看妻子愁何在，漫卷诗书喜欲狂。
白日放歌须纵酒，青春作伴好还乡。
即从巴峡穿巫峡，便下襄阳向洛阳。

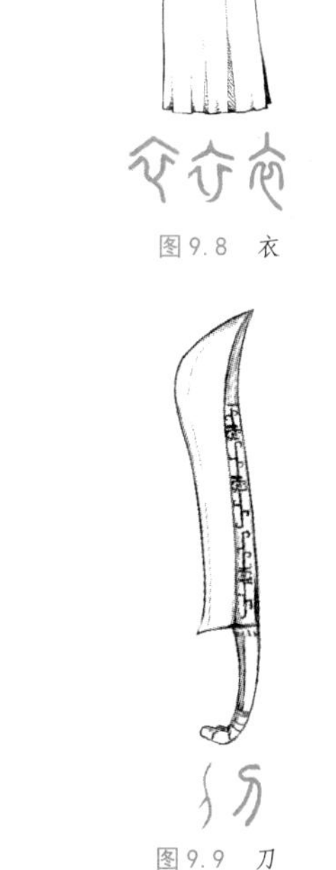

图9.8 衣

图9.9 刀

初 甲骨文 合集1952

初 金文 西周 耇簋

初 简帛 战国 郭店楚简·穷达以时9

初 小篆 说文

初 隶书 东汉 礼器碑

初 楷书 唐 欧阳询

初 行书 东晋 王羲之

初 草书 元 赵孟頫

图9.10

刀 甲骨文 合集22474

刀 金文 商 子父癸鼎

刀 小篆 说文

刀 简帛 战国 包山楚简144

刀 楷书 唐 灵飞经

刀 行书 北宋 黄庭坚

图9.11

“卒”字则是由“衣”和交叉符号构成。[①]表示衣服已经缝制完毕，可以折叠起来的意思，本义是衣服缝制完毕，引申为一切终结、完成。

图9.12 衣

但有观点指出，“卒”中的交叉符号为上古时期奴隶、仆人和服役者衣服上的标识符号，所以金文“卒”字也表示“士卒”。所以《说文》讲：“卒，隶人给事者衣为卒。卒，衣有题识者。”

卒 甲骨文 合集1948

卒 金文 战国 外卒铎

卒 简帛 战国 郭店楚简·唐虞之道18

卒 小篆 说文

卒 隶书 东汉 夏承碑

图9.13

① 有观点认为甲骨文没有“卒”字，其甲骨文字形是“衣”的异体，备之。

当然，不管哪种观点，“卒”的这两个方向的意思都与衣服直接相关。我们现在常说的“身先士卒”“马前卒”“卒业”“不忍卒读”等都由此而来。

汉乐府诗《孔雀东南飞》里就曾讲“磐石方且厚，可以卒千年；蒲苇一时纫，便作旦夕间”。

唐代贾至《燕歌行》也有“五军精卒三十万，百战百胜擒单于”的名句。

卒 楷书 唐 颜真卿

卒 行书 北宋 苏轼

卒 草书 东晋 王羲之

图 9.14

3. 缝缀

制作衣服不光要谋划、要裁剪，还要“缝”“缀”。

右是“缝”的古文字形及其流变。

从早期字形上看，“缝”由表示丝线的“糸”和表示相遇的“夆”组成。

其中的“夆”字，又分为两个部分：“夂”象朝下的脚掌之形，表示向下行动；“丰”象植树于土上，以林木为界之形，表示封疆。二者合起来，就是脚履封地，表示相遇的意思。

图9.15　夆

缝　简帛 岳麓书院藏秦简

缝　小篆 说文

缝　楷书 明 文徵明

缝　行书 明 唐寅

缝　草书 明 徐渭

图9.16

夆　甲骨文　合集0903

夆　金文 商 二祀邲其卣

夆　小篆 说文

夆　隶书 西汉 马王堆

夆　楷书 唐 五经文字

夆　草书 明 韩道亨

图9.17

因此，一般含“夆”的字，都与相遇有关。

比如“逢”字，加了表示行动的“辵(行+止)”字符，合起来就是表示路上相遇。

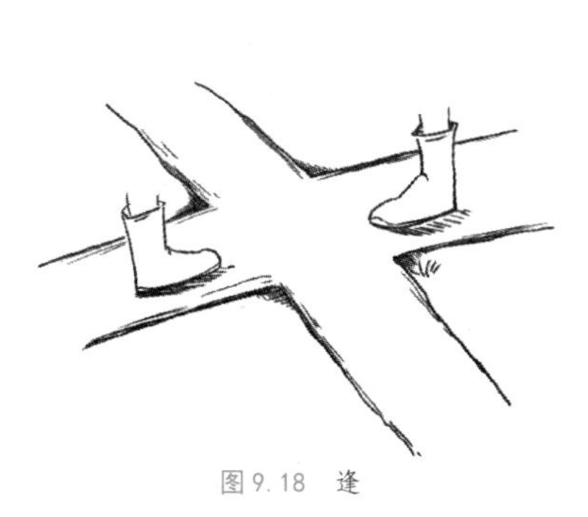

图9.18 逢

逢 甲骨文 合集2368

逢 金文 战国 集成9734

逢 简帛 战国 郭店楚简·唐虞之道14

逢 小篆 说文

逢 隶书 东汉 华山庙碑

逢 楷书 唐 颜真卿

逢 行书 明 唐寅

逢 草书 唐 孙过庭

图9.19

比如“锋”字，加了表示金属的“金”字符，合起来就表示刀与物体相遇的位置——锋刃。

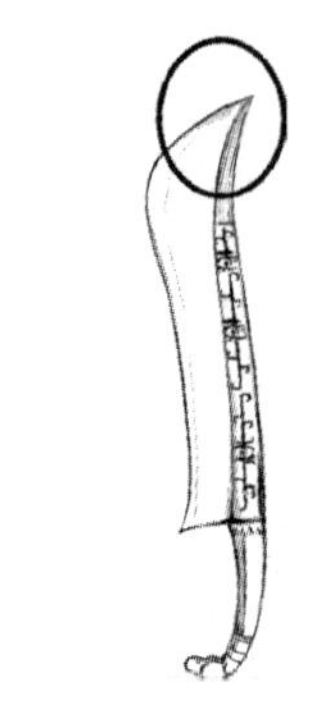
图 9.20　锋

比如“峰”字，加了表示山陵的“山”字符，合起来就表示山与天相接的位置——山顶。

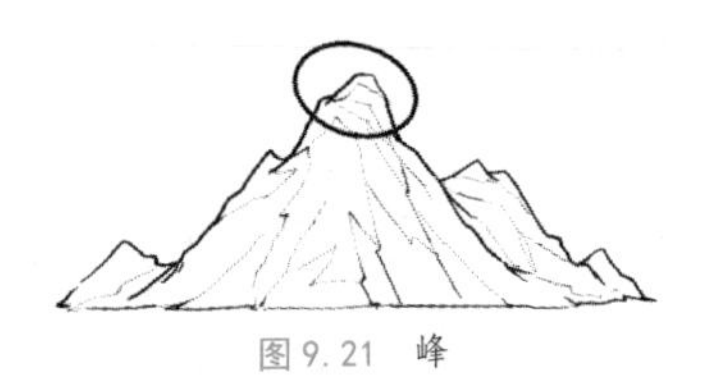
图 9.21　峰

比如“埄”字，加了表示土地的“土”字，合起来就表示田地之间相交的位置——界标。

所以，当表示丝线的“糸”和表示相遇的“夆”组成“缝”字时，会的就是用丝线使两块布料相遇之意。

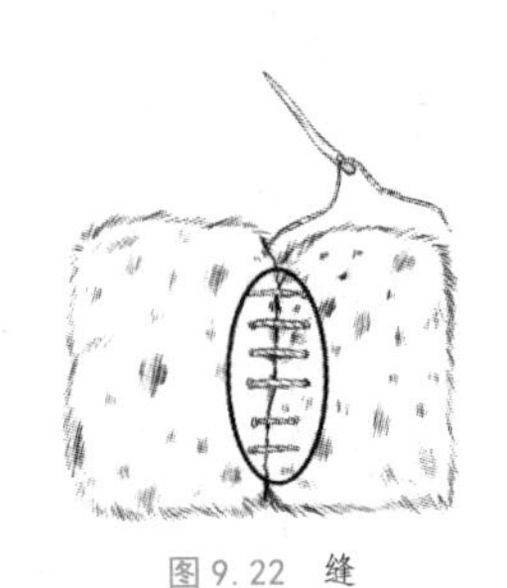
图 9.22　缝

所以，“缝”的本义就是用丝线缝合，后来又引申出“弥合”“缝合处”“结合部”“空隙”等意思。

我们现在常说的“见缝插针”“天衣无缝”“门缝”“缝隙”“裂缝”“无缝对接”“匡救弥缝”等都由此而来。

关于“缝”字的诗词，比较有名的有前文提过的孟郊《游子吟》的“临行密密缝，意恐迟迟归”；也有李清照的《蝶恋花·暖雨晴风初破冻》：

暖雨晴风初破冻，柳眼梅腮，已觉春心动。
酒意诗情谁与共？泪融残粉花钿重。

乍试夹衫金缕缝，山枕斜欹，枕损钗头凤。
独抱浓愁无好梦，夜阑犹剪灯花弄。

表示“缝合”“连缀”的，还有我们现在常讲的“点缀”的“缀”字。“缀”由一个“糸”和一个“叕”组成，就是现在网络上常讲的“又双叒叕”的“叕”字，“叕”也是“缀”的本字。

这是“叕”的早期字形：

叕 金文 西周 交君子叕簠

叕 简帛 战国 睡虎地秦简·日书乙种145

叕 小篆 说文

图9.23

可以看出来，“叕”就是象丝线互相交错连缀之形，所以《说文》讲：“叕，缀联也。象形。”因此文字学家徐锴也说：“交络互缀之象。”

当然也有观点按照“叕”的金文字形认为，“叕”从“大”，“大”象正面站立的人形，然后双手双足位置的短线是描述被绑缚的样子，所以有“连缀”之义。

当然不管哪种观点，其实都有“连缀”之义。后来在“叕”前边加了表示丝线的“糸”，形成“缀”字，表示“缝合”“连缀”之义，还引申出“装饰”“点缀”“约束”“牵制”等意思。

缀 小篆 说文

缀 隶书 东汉 史晨碑

缀 楷书 北魏 龙门二十品

缀 行书 明 董其昌

缀 草书 明 王宠

图9.24

比如《礼记·内则》就说：“衣裳绽裂，纫箴请补缀。”《战国策·秦策一》也说：“乃废文任武，厚养死士，缀甲厉兵，效胜于战场。”

我们现在常说的“缀合”“缝缀”“补缀”“编缀”“拼缀”“词缀”“缀文”“前缀”“点缀”“缀玉连珠”等，也都由此而来。

4. 纹、黹

精美的衣服表面当然要有图案，而图案需要纹、黹实现。

“纹”的初文是“文”，而“文”最初与纹路、文身有关。

这是“文”字的早期字形及其流变：

文　甲骨文　合集 3236、合集 3236a、合集 3236b、合集 3236c

文　金文 商 集成 5362、集成 922

文　金文 西周 集成 2473、集成 2486、集成 249

文　简帛 战国 上博楚竹书一·孔子诗论 7

文　小篆 说文

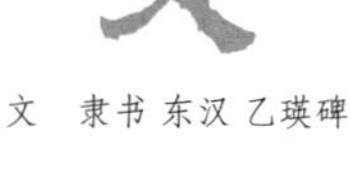

文　隶书 东汉 乙瑛碑

文　楷书 唐 颜真卿

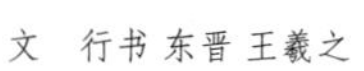

文　行书 东晋 王羲之

文　草书 唐 孙过庭

图 9.25

可以很明显看出，象的就是人身上文着花纹之形，“文”的本义就是“文身”，《庄子·逍遥游》说“越人断发文身”，《礼记·王制》也说“东方曰夷，被发文身”。可见古人有文身习俗，而且依据“文”的上古字形可知，文身的样式多变，因此“文”也指文身上的纹路，后来泛指符号，又引申出文字意义上的文。而且从一般意义上来讲，古代人把独体的、不可分解的象形字、指事字叫作“文”，比如“日”“月”“人”“水”“木”；由文字孳生的、合体的，可以分析的形声字、会意字叫作“字”，比如“旦”“名”“休”“涉”“析”。“文”不可分，只能“说”，“字”可拆解，故称“解”，因此我们华夏伟大的文字经典就叫作《说文解字》。后来的“文”也逐步引申出文章、文化等义。

“纹”字，从“糸”从“文”，本义就是织物上织绣的花纹。当“文”开始表示“文字”“文章”，甚至更广大的“文化”概念后，表示文身、纹路的本义，也就由后来的“纹”字继承。

就织物的纹路而言，有染出的纹路，也有织出的纹路，还有绣出的纹路。我国在此领域的相关传统工艺，都处于世界的顶峰。

染出的纹路有很多种，比如扎染工艺，其本质是利用各种技法使布料或衣物局部染色，形成纹路。

图9.26 扎染

织出的纹路也有很多种，比如锦，就是用不同颜色的丝线织就。绫、绮、缎就是用织法的变化织就相关的纹路。

绣出纹路的工艺就是刺绣，华夏的先祖们发明了刺绣，也给了刺绣一个专属的汉字，就是“黹”，这是“黹”的古文字形。

可以很明显地看出，“黹”就像是针脚勾连绣出图案的样子。所以段玉裁说“象刺文也”。

此外，表示刺绣的字还有“绘”“绣”等，其中“绘”即“五彩绣也”，本义是五彩的刺绣，后来才表示作画、描写等；而“绣（繡）”也是“五彩备也”，本义也是五彩兼备的刺绣。

黹　甲骨文　合集2288、合集2288a

黹　金文 商 乃孙乍且己鼎

黹　金文 西周 宝父鼎、颂簋盖

黹　小篆 说文

黹　隶书 东汉 史晨碑

黹　行书 当代 颜家龙

图9.27

5. 敝、补

衣服做好是“卒”，那么衣服破旧就是“敝”，右是“敝”的早期字形及其流变。

其字形由一个表示衣物的“巾”、一个手持木棒表示敲击的“攴”和几点灰尘组成，合起来就是用木棍击打衣物、除去灰尘之义。拍打多了自然就会破旧，于是“敝”引申出了破旧衣物、破旧等意思。

我们常说的“敝衣”“敝履”“敝人”“敝公司”等谦辞，还有“敝帚自珍”等都由此而来。

敝　甲骨文全集 2885、全集 2885a

敝　小篆 说文

敝　隶书 东汉 史晨碑

敝　楷书 明 王铎

敝　行书 北宋 米芾

敝　草书 明 董其昌

图 9.28

衣服破旧，当然不能任由其损坏，于是就有了“补”字。“补”字的古文字形写作 。由表意的“衣”和表音的“甫”构成，表示的就是“修补衣服”的意思。后来才引申出“修补”“补救”“补充”“裨益”等意思。

我们现在常说的“补丁”“补充”“补贴”“补助”“补过”“取长补短”“亡羊补牢”“勤能补拙”“十全大补”等，都由此而来。

补　简帛 战国 睡虎地秦简·秦律杂抄 40

补　小篆 说文

补　隶书 东汉 史晨碑

补　楷书 唐 颜真卿

补　行书 北宋 黄庭坚

图 9.29

（三）衣冠服饰的种类

前文已述，《后汉书·舆服志》讲“上古穴居而野处，衣毛而冒皮”，这里的“衣毛而冒皮”是很明显的互文，可以理解为用皮、毛制作衣帽。

由于处在人的最顶部，除了御寒保暖，帽子还具有极强的装饰作用。比如“美”字，就是正面人形头戴华美装饰羽（毛、卉、角）冠（饰）的形象。

图 9.30　良渚羽冠示意图

美　甲骨文　合集0210

美　金文 商 美宁鼎

美　简帛 战国 睡虎地秦简·秦律十八种 65

美　小篆 说文

美　隶书 东汉 韩仁铭

美　楷书 唐 颜真卿

美　行书 北宋 苏轼

美　草书 明 文徵明

图 9.31

因此，“美”的本义就是漂亮、好看，后来自然引申出“可口”“优良”“好”“丰收”“称赞”等意思，我们现在讲的“美好”“美术”“美女”“十全十美”“两全其美”“美意延年”“尽善尽美”等都由此而来。

关于“美”的诗词就太多了，有王维的“新丰美酒斗十千，咸阳游侠多少年”；王翰的“葡萄美酒夜光杯，欲饮琵琶马上催”；李白的“美人出南国，灼灼芙蓉姿。皓齿终不发，芳心空自持”；苏轼的“桂棹兮兰桨，击空明兮溯流光。渺渺兮予怀，望美人兮天一方”。

当然，最好的，还应是费孝通总结的处理不同文化关系十六字：

各美其美[①]**，美人之美，美美与共，天下大同。**

大　甲骨文 合集0197

大　金文 商 集成3457

大　简帛 战国 睡虎地秦简·秦律十八种129

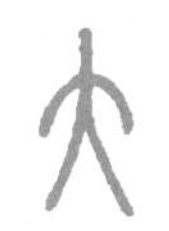

大　小篆 说文

大　隶书 东汉 乙瑛碑

大　楷书 元 赵孟頫

大　行书 北宋 范仲淹

大　草书 唐 张旭

图9.32

① 一说根据后期字形，称“羊大为美”，不采。“美”字中的“大”应为正面人形。

1. 头部

因头部衣物的独特地位，我们后世习惯将“衣冠”作为服饰的统称，并逐步作为礼仪、文化和等级的标识使用。因此，头部衣物种类、名称繁多，在此对部分内容着重介绍。

（1）笄、簪（先 zān）、钗

华夏民族很早就有蓄须发习俗，不仅认为头发受之父母，不敢损伤，而且向来注重头部的发型与装饰，与周边断发、披发民族有很大不同。在相当长的时间内，华夏先民一旦成年，便有束发盘髻（或辫发盘髻）的习惯，且不论男女。后来又逐渐形成男子年满二十行“冠礼”、女子年满十五行“笄礼”的礼仪制度，该礼行毕，即成年，可以结婚、生子，做官、服役等。因此，相较别的服饰，用于“男以定冠，女以绾发”的长针意义重大，这根长针就是“笄”或“簪（先）”。

从考古上看，自仰韶文化和龙山文化开始就已经有了陶笄（簪）、骨笄（簪），表明这个时期就已经出现了束发固冠的头饰。到殷商时期，骨笄（簪）普遍使用，而且越发精美。

最初的笄（簪），其基本形态呈圆锥或长扁条状，顶端粗宽，末端尖细，满足了其最基本的功能性要求。仰韶文化的骨笄（簪），形状除锥形外，还有丁字形、圆柱形等。

虽然相关史料表明，发簪古称“笄”，战国后称为“簪”，但就文字来看，“笄”和“簪”均属形声字形，都是后造字。对比“簪”的初文“兂”和“笄”的初文“幵”来看，其均可指向同一器物——发簪。

比如这个甲骨文字形：

图 9.33 甲骨文 粹 247

郭沫若先生释为“兂”；而裘锡圭先生释为“妍”，认为该字从女幵声，“幵”象发簪之形。不管哪种观点，其实都认同该字形象女子头戴发簪之形。

我们先看“簪”的初文“兂”，这是“兂”的小篆字形：

图 9.34 兂 小篆 说文

可以看出，小篆字形象的是人正面持兂束发之形。所以《说文》说：“兂，首笄也。从人，匕象簪形。”

为便于理解，我们可以先看经常用到的一个字，即丈夫的“夫”字，“夫”就是由一个表示正面人形的“大”和头上的发簪“一”组成。

所以《说文》说：“夫，丈夫也。从大，一以象簪也。”

图 9.35

而对比“大”“夫”[①]“先（簪）”三字的字形可知，“先”确实像一手将簪子别在头上的样子。

夫 甲骨文 合集0202

夫 金文 商 小子夫父己尊

夫 简帛 战国 睡虎地秦简·秦律十八种172

夫 小篆 说文

夫 隶书 东汉 史晨碑

夫 楷书 唐 颜真卿

夫 行书 北宋 苏轼

夫 草书 北宋 黄庭坚

图 9.36

① 夫上一笔为饰笔说不采。

后来由于民间常用竹枝制作簪子，所以后来的字形逐步变成了“竹”表意、“朁”表音的字形“簪”。

簪 小篆 说文俗字

簪 隶书 西汉 北大简

簪 楷书 北魏 何伯超墓志

簪 行书 北宋 苏轼

簪 草书 明 王宠

图9.37

至于“笄”，初文为“幵”，象两根簪子并排之形：

幵　小篆 说文

图 9.38

同样，后来的字形也添加了表示性状的“竹”，成为“笄”字：

笄　简帛 楚 天策

笄　小篆 说文

笄　楷书 北魏 孟敬训墓志

笄　行书 明 徐渭

图 9.39

相较“簪”“笄”，发“钗”就相对明晰一些。一般认为，约在西汉晚期出现的发钗。

发钗和发簪不同在于：发簪通常做成一股，而发钗则是做成双股，而且贵族所用以贵金属、玉为主，正如“钗”字本身，由表意兼表音的“叉”和表意的“金”组成。

这是“叉”字的古文字形及其流变：

叉　甲骨文　合集0909　　叉　金文 商 叉鼎　　叉　小篆 说文　　叉　楷书 当代 翁闿运

叉　甲骨文　合集0905　　叉　金文 商 叉方彝　　叉　简帛 战国 睡虎地秦简·日甲41正　　叉　小篆 说文

图9.40

其就是在人手“叉”的基础上，指示了指缝位置，本义是“指缝”。后引申出“手指相交错”“工具叉”和“插入”等意思。

而“钗”字由一个“叉”和一个“金”组成：

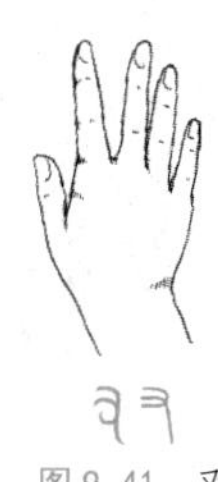

图9.41　叉

钗　小篆 说文　　钗　行书 明 唐寅　　钗　草书 明 祝允明

图9.42

所以《说文》讲“钗，笄属”，《释名·释首饰》也说“钗，叉也。象叉之形，因名之也”。因此，钗就是指双股或者多股的簪子。

值得一提的是，钗在后来逐步被意象化为一种寄情的器物。当恋人或夫妻离别时，女子往往会将头上的钗一分为二，一半赠给对方，一半自留，待到他日重见再合在一起。

所以辛弃疾《祝英台近·晚春》中就有“宝钗分，桃叶渡，烟柳暗南浦”的离情词句。

还有我们已经非常熟悉的陆游的《钗头凤·红酥手》：

红酥手，黄縢酒，满城春色宫墙柳。东风恶，欢情薄。一怀愁绪，几年离索。错，错，错！

春如旧，人空瘦，泪痕红浥鲛绡透。桃花落，闲池阁。山盟虽在，锦书难托。莫，莫，莫！

图 9.43　佩戴发钗示意 王茜霖提供

该词讲的就是陆游与妻子被迫分离后又相遇的情境。但很少有人知道，“钗头凤”还有个别称，叫“惜分钗”。

至于描写“簪”的名句，当然得提杜甫的《春望》：

国破山河在，城春草木深。

感时花溅泪，恨别鸟惊心。

烽火连三月，家书抵万金。

白头搔更短，浑欲不胜簪。

（2）冖、冒（冃、帽）

《说文》以“冠”为弁、冕等头部衣物之总名，以“冒（帽）”为小儿蛮夷的头衣。但从字形发展上看，“冖”“冃（冒、帽）”逐步成了冠、冕等字的表意元字符。

先说“冖”，“冖”古文字就是象用布巾蒙覆之形。

图 9.44　冖　小篆 说文

一般认为用布包头，是最原始的帽子。后来蒙覆的意思被“幂”字继承，“冖”的字形也不再单用，一般只作为部首使用。

我们今天在数学中常用到“幂”，用“幂”来表示一个数自乘若干次的形式，而乘方的表示是通过在一个数字上加上标的形式来实现的。故这就像在一个数上“盖上了一个头巾”，在现实

$$a^m \times a^n = a^{m+n}$$

$$\frac{a^m}{a^n} = a^{m-n}$$

同底数幂运算

中盖头巾又有升级的意思，正好契合了数学中指数级数快速增长的含义,形式上也很契合，所以叫作幂。

再说“冒(帽)”,“冒(帽)”字由“冃”和“目”组成，其中“冃”是“冒”的本字，象帽子之形，表示帽子；而“目”字象眼睛之形，单独出现时表示眼睛，但作为部件出现时，古人往往用其来代表整个头部；“冃”和“目”合起来，象的就是头戴帽子之形，本义就是头衣，即帽子。后来引申出“覆盖”“触犯”“冒充”“冒出”等意思。

我们现在常讲的“冒险”“冒烟”“冒名顶替”“火冒三丈”“假冒伪劣”“贪冒荣宠”等，都由此而来。

唐代皇甫冉《秋日东郊作》就有“燕知社日辞巢去，菊为重阳冒雨开”的句子。

由于“冒”字在后来多用于表示覆盖、触犯等引申义，所以只好在“冒”的基础上加表示布料、布匹的“巾”另造“帽”字，表示其“帽子”的本义。

冒 金文 西周 九年卫鼎

冒 简帛 战国 郭店楚简·穷达以时3

冒 小篆 说文

冒 隶书 唐 梁升卿

冒 楷书 隋 智永

冒 行书 北宋 苏轼

冒 草书 北宋 蔡襄

图9.45

目 甲骨文 合集0601

目 金文 商 目爵

目 小篆 说文

目 简帛 战国 上博楚竹书二·之父母6

目 楷书 唐 颜真卿

目 行书 北宋 黄庭坚

目 草书 东晋 王羲之

图9.46

所以杜甫《饮中八仙歌》说："张旭三杯草圣传，脱帽露顶王公前，挥毫落纸如云烟。"陆游在《木兰花·立春日作》也写道：

三年流落巴山道，
破尽青衫尘满帽。
身如西瀼渡头云，
愁抵瞿塘关上草。
春盘春酒年年好，
试戴银旛判醉倒。
今朝一岁大家添，
不是人间偏我老。

帽　楷书 唐 颜真卿

帽　行书 北宋 苏轼

帽　草书 明清 傅山

图 9.47

还有鲁迅的《自嘲》：

运交华盖欲何求，
未敢翻身已碰头。
破帽遮颜过闹市，
漏船载酒泛中流。
横眉冷对千夫指，
俯首甘为孺子牛。
躲进小楼成一统，
管他冬夏与春秋。

图 9.48　平顶帽绣衣贵族石雕 商朝 殷墟出土

（3）冠

“冠”在头衣中地位较高。

古代男子二十岁行“冠礼”，表示成年；同时，“冠”被《说文》定为“弁冕之总名”。

“冠”字的早期字形由“冃”和“元”组成。

冠　甲骨文 合集 6947 正

冠　简帛 战国 上博楚竹书二・容成氏 52

图 9.49

前文讲过，“冃”象帽子之形，“元”象人体而突出头部，全字会人戴着帽子之意。本义也是帽子。

元　甲骨文 合集 0023、合集 0025a

元　金文 西周 师酉簋

元　简帛 战国 上博楚竹书三・周易 33

元　小篆 说文

元　隶书 东汉 华山庙碑

元　楷书 唐 颜真卿

元　行书 北宋 苏轼

元　草书 唐 柳公权

图 9.50

后来的字形又加了表示人手的“寸”[①]，戴帽子的意思就更加明显了。

字义上，在后来也引申出“戴帽子”“冠礼”“处于顶端的事物”“加在前面”“超出众人”等意思。

我们现在常说的“桂冠”“张冠李戴”“衣冠楚楚”“沐猴而冠”“弹冠相庆”“怒发冲冠”“冠冕堂皇”“弱冠之年”“冠军”“冠绝一时”都由此而来。

比如西汉名将、民族英雄霍去病就曾被汉武帝封为“冠军侯”；之后东汉名将贾复、窦宪也被封为“冠军侯”。

特别是窦宪，曾率军深入瀚海沙漠三千里，大败北匈奴于稽洛山，后登燕然山刻石记功，史称“勒石燕然”。其与霍去病“封狼居胥”同样成为中国古代武将无上的荣耀，不愧“冠军侯”之名。

冠 小篆 说文

冠 隶书 东汉 校官碑

冠 楷书 唐 颜真卿

冠 行书 南宋 张即之

冠 草书 明清 傅山

图9.51

寸 简帛 战国 睡虎地秦简·秦52

寸 小篆 说文

寸 楷书 唐 柳公权

寸 行书 东晋 王献之

寸 草书 唐 怀素

图9.52

---

①“寸”字为人手后一寸动脉的位置，本义就是切脉的寸口。但作为字符部首在别的字中使用时，一般指示人手，同“又”。同时，《说文》讲“冠有法制，从寸”，所以有观点认为，有法度的动作，一般用“寸”而不用“又”，比如“射”“持”“尊”等。

关于“冠”的诗句也有很多，比如杜甫就曾在《梦李白二首》中夸赞李白“冠盖满京华，斯人独憔悴”。

图9.53　三梁冠 唐 李勣墓出土

比如辛弃疾也曾在《贺新郎·用前韵送杜叔高》中悲叹“起望衣冠神州路，白日销残战骨”。

当然，还有岳武穆的千古名篇《满江红·写怀》：

怒发冲冠，凭栏处、潇潇雨歇。

抬望眼，仰天长啸，壮怀激烈。

三十功名尘与土，八千里路云和月。

莫等闲、白了少年头，空悲切。

靖康耻，犹未雪。

臣子恨，何时灭。

驾长车，踏破贺兰山缺。

壮志饥餐胡虏肉，笑谈渴饮匈奴血。

待从头、收拾旧山河，朝天阙。

（4）免（冕）

一般认为“冕”是高等级的“冠”，《说文》讲：“冕，大夫以上冠也。”

“冕”字由“冃”和“免”构成，“免”表声。“免”是“冕”的本字。从字形上看，也是象一个人戴着帽子之形。

冕　简帛 简帛书法字典

冕　小篆 说文

冕　隶书 东汉 樊敏碑

冕　楷书 唐 欧阳询

冕　行书 明 文徵明

冕　草书 明 王守仁

图 9. 54

免　甲骨文 合集0420

免　金文 西周 师闵鼎

免　简帛 战国 上博楚竹书一·缁衣13

免　小篆 说文

免　楷书 北魏 孙保造像记

免　行书 明 董其昌

免　草书 东晋 王羲之

图 9. 55

因此，“免”本义也是帽子。后来才由“免去”“免除”逐步引申出“脱掉”“撤销”“释放”“罢黜”“豁免”等意思。

我们今天常用的“免去”“免除”“免费”“免罪”“免税”“在所难免”“不可避免”等，都由此而来。

白居易曾在其诗《卜居》中这样写道；

游宦京都二十春，贫中无处可安贫。

长羡蜗牛犹有舍，不如硕鼠解藏身。

且求容立锥头地，免似漂流木偶人。

但道吾庐心便足，敢辞湫隘与嚣尘。

后来，由于“免”常用来表示免去，只好新加“冃”字符成为“冕”字，表示其帽子的本义。

在用法上，“冕”一般特指帝王、诸侯和卿大夫的礼帽，以及像冕的事物，如日冕等。我们现在常说的“冠冕堂皇”“卫冕”“无冕之王”“冕服”“加冕”等，都是从这里来的。

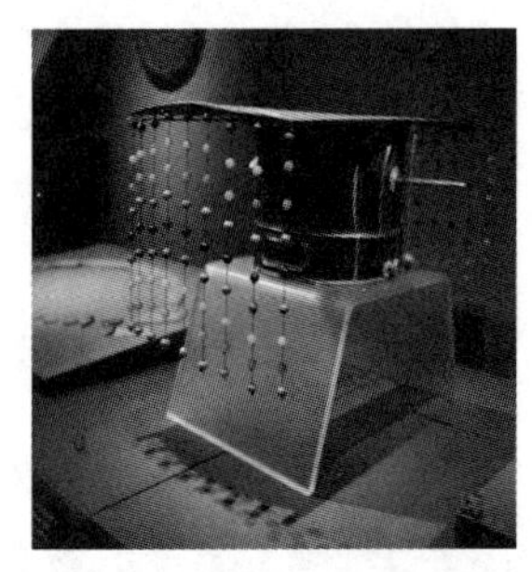

图 9.56　鲁荒王朱檀墓九旒冕 明 山东博物馆藏

通高 18 厘米、长 49.4 厘米、宽 30 厘米，为藤篾编制，表面敷罗绢黑漆，镶以金圈、金边；冠的两侧有梅花金穿，贯一金簪；冕的顶部有“綖板”，綖板前圆后方，綖板上面涂着黑漆，以示庄重；板前后系垂旒，前后各垂 9 道旒，每道旒上计有 9 颗红、白、青、黄、黑五种颜色的玉珠，共用珠 162 颗；板下有玉衡，连接于冠上两边凹槽内；衡两端有孔，两边垂挂丝绳直到耳旁，两根丝绳是黑色的，叫作“玄统”；丝绳垂至耳处系着一块美玉，材质是黄玉。冕左右下垂的两块玉，即所谓的“充耳”。

（5）弁

“弁”是古代男子穿礼服时戴的一种冠，吉礼之服用“冕”，平常礼服用“弁”。

“弁”有爵弁、皮弁之类，一般认为田猎战伐用皮弁，祭祀用爵弁，后来“弁”成为武官的代称，所以有“武弁”“马弁”“哨弁”“差弁”“弁兵”的说法。另外，古代男子年满二十加冠称弁，以示成年。

就其字形而言，金文等早期文字象的就是双手（ ）持冠冕（ ）之形[1]，本义就是冠冕。

后来的字形逐步变化，很难看出本义。

弁　金文 西周 师酉簋

弁　简帛 战国 郭店楚简·老子甲2

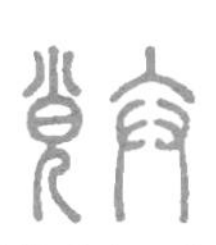

弁　小篆 说文、说文或体

弁　说文籀文

弁　楷书 元 赵孟頫

弁　行书 北宋 米芾

图 9.57

① 一说“弁”金文字形从“甾”、从“廾”，象人以双手持竹编器皿之形，备之。然后世出土的冠有用藤篾、金丝编织而成，故采双手持冠说。

（6）胄

胄，从冃，由声。一般认为，其字形由表意的“冃”和表音的“由”组成，前文讲“冒（帽）”时提过，“冃”象帽子之形，胄的本义就是头盔、兜鍪。

图9.58　胄　甲骨文 合集0734

后来在金文中又加了表示人头部的“目”字。

图9.59　胄　金文 西周 小盂鼎

当然，为了表示“胄”的材质，有的字形还加了表示皮革材质的“革”字符。

图9.60　胄　简帛 战国 清华简一·耆夜5

但小篆字形坚持了从“冃”的写法。

图9.61　胄　小篆 说文

只是后来隶定时，由于“冃”和“月”字形相近，才和表示帝王后裔的从“月（肉）”的“胄”逐步混为一谈，以至于在我们今天的教育中已基本不做区分。

所以，有杜甫《垂老别》“男儿既介胄，长揖别上官”的诗句；也有宋代孙仅的“转战风骚如甲胄，平分才学过权衡”；等等。

胄　隶书 东汉 曹全碑

胄　楷书 唐 欧阳询

胄　行书 明 董其昌

胄　草书 东晋 王羲之

图 9.62

兽面胄 商 江西吉安新干大洋洲镇出土

图 9.63

铁胄 战国 河北易县燕下都遗址出土

图 9.64

（7）兜

秦汉以前一般称“胄”，秦汉以后一般就称“兜鍪”。“兜”字，由“兠”和“皃”（貌）组成。

这是“兜”的小篆字形：

图 9.65　兜　小篆 说文

很明显，它就是由一个表示人外表、容貌的“皃”（皃、貌）和表示左右遮蔽的“ʗ ɔ”（兠 gu）组成。

其中，“皃”是“貌”的初文本字，由“人”和表示人脸的“白”组成，本义就是人的外表、容貌。后来又在“皃”的基础上加了表示野兽的“豸”部，成为我们今天的样子。

皃　金文 商 皃斝

皃　小篆 说文

貌　小篆 说文

貌　楷书 唐 颜真卿

貌　行书 元 赵孟頫

貌　草书 明 唐寅

图 9.66

因此，“兜”字其实就是用“兜”把人的容貌“皃”（貌）遮起来。本义就是作战用的头盔。

所以，《说文》讲：“兜鍪，首铠也。从兜从皃省。皃，象人头也。”本义就是作战时使用的胄、头盔，俗称兜鍪。

因此，辛弃疾在《南乡子·登京口北固亭有怀》中就有这样的名句：

何处望神州？满眼风光北固楼。千古兴亡多少事？悠悠。不尽长江滚滚流。

年少万兜鍪，坐断东南战未休。天下英雄谁敌手？曹刘。生子当如孙仲谋。

这里的兜鍪，就代指了军队，形容的是孙权年纪轻轻就统率了千军万马。

由于“兜”是遮蔽头部的头盔，所以“兜”字后来常常表示形似兜鍪的帽子，如风帽之类，也常常表示盛放东西和可盛放东西的物件，比如俗语里的“吃不了，兜着走”，以及“兜底”“裤兜”“网兜”等词。

当然，后来也逐步引申出“包围”“围绕”“迷惑”“蒙蔽”等义。比如我们常说的“兜圈子”“兜售”“兜销”等。

兜 小篆 说文

兜 楷书 北魏 龙门二十品

兜 行书 北宋 米芾

兜 草书 元 赵孟頫

图 9.67

（8）头巾

汉民族有蓄发的习惯。在等级较为森严的上古时期，冠、冕、弁等是贵族的专属；为了遮风保暖、方便劳作，庶民以及身份较低微的人，只能用一块布束或罩在头部，将头发固定，是为头巾。

到了后世，头巾的使用突破等级限制，开始逐步泛化，民间非常流行，有以“幅巾”为雅的趋势。所以苏轼遥想周瑜当年“小乔初嫁了，雄姿英发，羽扇纶巾，谈笑间，樯橹灰飞烟灭”的英挺形象。

巾　甲骨文 殷墟书契前编 7·5·3

巾　金文 西周 集成 9728

巾　小篆 说文

巾　隶书 东汉 衡方碑

巾　楷书 唐 欧阳询

巾　行书 隋 智永

巾　草书 元 赵孟頫

图 9.68

所以，无论是“幅巾”“纶巾”，还是男子的“帕头”、女子的“巾帼”，更或是后世的“幞头”，其实都是头巾在不同阶段衍生出的不同形式和不同戴法。

我们后世常以“巾帼英雄”代指女英雄，也由此而来。

直到当代，我国北部山西、陕西等地依然能看到男子用白羊肚手巾缠头、女子冬季戴彩色头巾保暖的场景。

图 9.69 近代女子佩戴头巾

图 9.70 近代西部男子佩戴头巾

2. 身体部分

（1）上衣下常（裳）

衣，即上衣；常（裳），即下裳。上衣、下裳配套穿着的形式被称为上衣下裳制。

上衣下裳制是我国古代服装的基本形制之一，确立于商周之际。从历史上看，上衣在商朝通常为窄袖短身，周朝后出现长大宽博样式。

就殷墟出土的商朝石人来看，已经呈现出上衣下裳、交领右衽、窄袖宽带、高帽垂市、穿绔着履的基本形态。

前文已述，“衣”字的早期字形就是交领上衣的象形，本义就是上衣，后渐用作衣物的总名。所以《释名·释衣服》中说：“上曰衣，衣，依也，人所依以庇寒暑也；下曰裳，裳，障也，所以自障蔽也。”

图 9.71　织纹衣贵族石雕　商　殷墟出土

衣　甲骨文　合集 1948、合集 35428

衣　金文　西周　吴方彝盖、多友鼎

衣　简帛　战国　上博楚竹书一·缁衣 9

衣　小篆　说文

衣　隶书　唐　叶慧明碑

衣　楷书　唐　颜真卿

衣　行书　北宋　米芾

衣　草书　明　王宠

图 9.72

衣

图 9.73

而下衣就是“常（裳）”，就其广义而言，一切下身之服都是“常（裳）”，包括裙、绔等。

“常”字由表示布料、围巾的“巾”和表音的“尚”组成，本义就是下身的衣服。

常 金文 春秋 子犯编钟

常 简帛 战国 包山楚简 214

常 小篆 说文

常 隶书 东汉 张迁碑

常 楷书 唐 颜真卿

常 行书 东晋 王羲之

常 草书 东晋 王献之

图 9.74

“常”“裳”本一字异体，“常”字多用于表“经常”的意思后，从“衣”的“裳”字开始表示其下衣的本义。

关于“裳”的诗句也特别多，比如屈原《九歌·东君》中“青云衣兮白霓裳，举长矢兮射天狼”，石延年《偶成》中“年去年来来去忙，为他人作嫁衣裳。仰天大笑出门去，独对春风舞一场”，白居易《琵琶行》中的“轻拢慢捻抹复挑，初为《霓裳》后《六幺》”，等等。

当然，最有名的还是李白的《清平调》：

云想衣裳花想容，
春风拂槛露华浓。
若非群玉山头见，
会向瑶台月下逢。

裳　小篆 说文

裳　隶书 东汉 曹全碑

裳　楷书 唐 欧阳询

裳　行书 东晋 王羲之

裳　草书 明 文徵明

图 9.75

（2）市、帬（裙）

在早期阶段，人类全身只有下身围着一块兽皮或者织物，就是“市”，又称“围裳”或“围裆布”。

因此，有观点认为，“市”才是最早的衣服。

这是“市”的古文字形。

可以看出，其象的就是人正面站立时，遮挡在生殖器前面的裆布之形，本义就是围裆布。

市　金文 西周 此鼎

市　小篆 说文

图 9.76

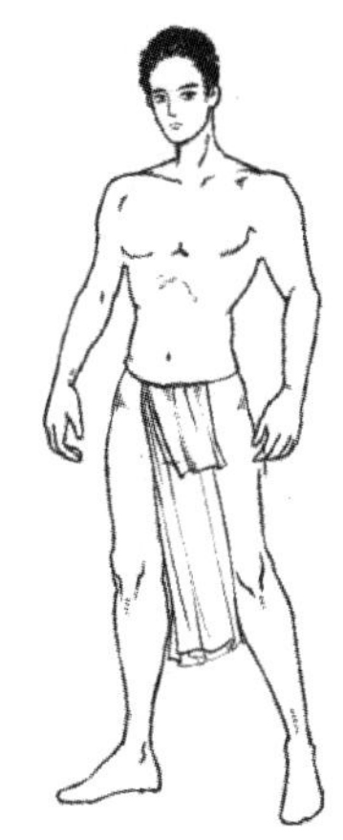

上古着市想象图

图 9.77

所以，《说文》讲：“市，韠也。上古衣蔽前而已，市以象之。天子朱市，诸侯赤市。”也有观点指出：“上古衣兽皮，先知蔽前，继之蔽后，市象前蔽以存古”“市一般作芾，亦作绂或韨等，古之蔽膝，今之围腰”。

图 9.78　商代玉人及其服装示意图

可见“市”应是上古蔽前不蔽后、遮挡生殖器衣物的遗存。后演变为“韠”，又称为“绂”“韨”或“蔽膝”，装饰在礼服外部，其下部也逐步演变成“斧钺”的形象，代表着权威。

图 9.79　织纹衣贵族石雕　商 殷墟出土

所以，“常（裳）”字中的“巾”也可能为“市”的省形，因为“巾”只能表布、巾之义，不能表下衣之义，如果是从“市”省，则可直接表下衣之义。

同理的还有“帬(裙)”字，从早期字形上看也是从“巾(或衣)”，“君”声；从字义上看，也是指下裳。这里的“巾”依然无法表下衣之义，如果是“市”省，则字义更为通顺。

图9.80　着裙示意 杨娜（@兰芷芳兮）

帬　小篆 说文、说文或体

帬　简帛 战国 睡虎地秦简·封诊式68

帬　楷书 东晋 王羲之 明 文徵明

帬　行书 元 赵孟頫

图9.81

（3）袴（绔）

“袴”“绔”一字两形，分别由“衣”“糸”和“夸”组成，本义是套裤。

一般认为其中的“衣”表意，“夸”表声。但《释名·释衣服》讲：“袴，跨也，两股各跨别也。”可见“袴（绔）”字中的“夸”符不仅表音，还可理解为“跨”省或“夸”的本义——张大。

“衣”和“跨”合起来，就是表示可以张开张大的腿衣。

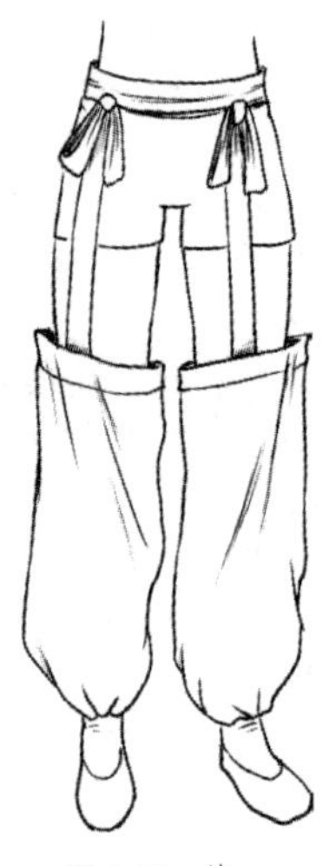

图 9.82　绔

跨　小篆 说文

袴、绔　小篆 说文

袴　楷书 北魏 高贞碑

袴　行书 北宋 苏轼

绔　草书 元 赵孟頫

夸　甲骨文　合集 0271

夸　金文 商 甗 03·791

夸　小篆 说文

图 9.83

《说文》讲：“绔，胫衣也。”关于胫衣，段玉裁注：“今所谓套袴也，左右各一，分衣两胫。古之所谓绔。”至于“裤”字，是“袴”的后起形声字形，及至晚清方才出现。我们现在常用的“纨绔子弟”，字面上就是指穿着用丝纨制作的裤子的有钱人子弟。

所以，“袴（绔）”没有裤腰和裤裆，只有两个裤管，穿着时将两个裤管套在小腿部位，所以叫“胫衣”，用以保护和遮挡小腿。后来，袴逐步发展到可以遮护整条腿的长度，但依然是开裆状态，没有裤裆和裤腰，所以“袴”一般不单独穿着，而是作为“罩裤”，是上衣下裳的补充。

（4）裈、裤

至于类似后世的“合裆”的裤子，有一种观点认为华夏本没有合裆裤，是战国时期赵武灵王“胡服骑射”后才有的“新鲜事物”。

但事实上，人类的衣服可以受民族、文化影响而产生形制的多样性，却不会因民族、文化影响而产生功能性差异；其受民族、文化影响，因生活环境、生产方式和阶级的需要而产生和变化。

在古代生产力低下的环境中，广大的劳动人民注定不可能头顶“六冕”“四弁”，身着广袖宽袍、锦衣华裳，并绘以纹章五彩，穿着裘衣还要另加罩袍……窄袖、短衣、头巾、交裆、穷裤，甚至犊鼻裤、兜裆都是人民群众在各自气候条件、生产力条件、具体生产生活条件下，为更方便生产、更有效保护好身体相关部位而进行的选择性创造。

合裆裤的诞生不会因民族、文化的区分而产生整体性的差异，只会因具体生产生活方式的调整而调整。

相关章服礼仪制度的传世典籍和贵族大墓的出土文物很难对同时代广大劳动人民的穿着进行定义，只能作为参照。

因此，华夏作为农耕与游牧兼具的融合型民族，作为最早使用麻纤维、发明丝绸的高度生产力文明，必然会因生产生活需要而发明合裆裤。

而考古出土的相关文物也证实了这一点。

比如安徽巢湖凌家滩出土的，距今5600—5300年的新石器时代凌家滩文化玉人。玉人一共6件，分为两组，一组为站姿，一组为坐姿。6件玉人脸型棱角分明、表情严肃，头戴平冠，双手上举，五指张开，手臂上戴着手环。值得注意的是，玉人下体并不裸露，且腰系宽带，结合其较为写实的风格，我们有理由推测玉人下身穿着合裆的短裤。

再如，上海博物馆馆藏的新石器时代石家河文化玉神人像（距今4500—4200年），则明显看到下身穿着合裆短裤。

更关键的是，近年在河南三门峡上村虢国国君虢仲墓出土的实物——西周晚期合裆麻裤。该合裆麻裤以丝线缝合，残长76厘米，上宽81厘米，下宽130厘米，是中原地区目前所发现时代最早的裤子，距今2700年左右。早于赵武灵王500多年。

而对于这种内部贴身穿着的合裆裤，我们也有文字与之对应，那就是“幒[①]（㡘）”和“㡓（裈）”。

对于“幒（㡘）”和“㡓（裈）”，《说文》讲“幒，㡘也，从巾，悤声”，又讲“㡓，㡘也，从巾，军声，㡓或从衣”，可见二者互训，都表示合裆裤之义。

《释名·释衣服》也说：“裈，贯也，贯两脚上系要中也。”段玉裁也说：“今之套裤，古之绔也；今之满裆裤，古之裈也。自其浑合近身言曰裈，自其两襱孔穴言曰幒。”

值得一提的是“犊鼻裈”。《汉书》记载了司马相如“身自着犊鼻裈”，有观点认为其形如犊鼻故名；也有学者认为其裤长在犊鼻穴所得名，按照五代马缟《中华古今注·裩》“周文王所制，裩长至膝”的观点[②]，可备一说。

---

① 幒或从松，字形不表。

② 裩，同裈。

幒（幒）　小篆 说文

幝　小篆 说文

图 9.84

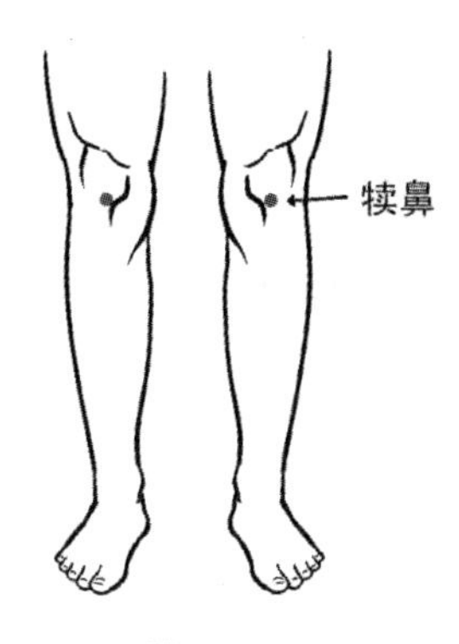

图 9.85

至于与现代意义上裤子类似的物品，在战国已有出现。比如湖北江陵马山一号战国楚墓出土的绣绢绵裤，就是缝合后裆、开前裆的形制，其长 116 厘米、宽 95 厘米，所以穿着交叉前裆并束腰后，并不会露出下部，相反颇为严实。

这与现在我们常见常穿的西裤、牛仔裤缝合后裆开前裆（用扣或拉链闭合）的形制其实已并无本质不同。

因此，“裈”为贴身穿着的合裆裤，与前文讲的无裆的“绔”、胫衣不是同一物，也不是由“绔”发展而来。

更为可能的是，由原始的“市”作为功能用发展出了“裈”，作为礼仪用外放发展出了“韨”，后由短及长发展出了长款的交裆、合裆裤。

（5）长衣“袍”服

长衣，就是将上衣做长，能够部分或全部遮盖腿部的各类衣物的统称。历史上的各类袍服、深衣、褙子、斗篷、长衫、裘皮大衣等都属于这一范畴。

①深衣

深衣，就是把上衣和下裳缝在一起，可以裹住绝大部分身体的衣服，因其可以将身体深藏，故名深衣。

一般认为，深衣诞生于春秋战国时期，无论贵贱、男女、老少皆可穿着。

儒家经典《礼记·深衣》对其形制、服色有详细记载，并赋予其丰富的文化内涵，特别是称其对应大时、规矩、权衡，象征着天地之间的正道，所以“圣人服之”“先王贵之”，可谓推崇备至。

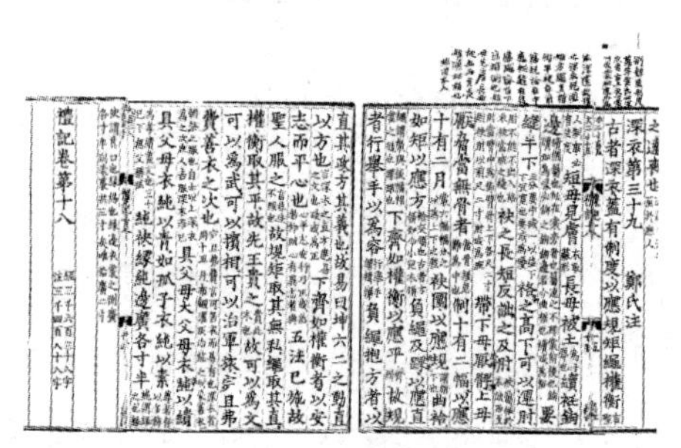
深衣第三十九 鄭氏注
古者深衣蓋有制度以應規矩繩權衡短毋見膚長毋被土續衽鉤邊要縫半下袼之高下可以運肘袂之長短反詘之及肘帶下毋厭髀上毋厭脅當無骨者制十有二幅以應十有二月袂圜以應規曲袷如矩以應方負繩及踝以應直下齊如權衡以應平故規者行舉手以爲容負繩抱方者以直其政方其義也故易曰坤六二之動直以方也下齊如權衡者以安志而平心也五法已施故聖人服之故規矩取其無私繩取其直權衡取其平故先王貴之故可以爲文可以爲武可以擯相可以治軍旅完且弗費善衣之次也具父母大父母衣純以繢具父母衣純以青如孤子衣純以素純袂緣純邊廣各寸半
禮記卷第十八

图 9.86 《礼记·深衣》

但实际上，深衣以其穿着方便舒适、相对花费较少（麻布制作、减省布料）、功能齐备、场合适用性强，又上衣下裳礼制齐备（虽然是缝起来的），深受贵族、平民的广泛喜爱，所以《礼记》也讲：“故可以为文，可以为武，可以摈相，可以治军旅，完且弗费，善衣之次也。”

但由于深衣上下连制，所以不方便与“市”配合穿着。因此，其固然可以作为平民的礼服，但却只能作为贵族的便服使用。

由于深衣被儒家推崇且不断进行具体化的定义，所以“深衣”的概念也逐步狭义化，成为“礼”的一个具象符号。

但实际上，如果按“上下连制，拥蔽全身”这一概念，广义的深衣在历史上种类繁多、变化多样，与各类袍服多有交集。

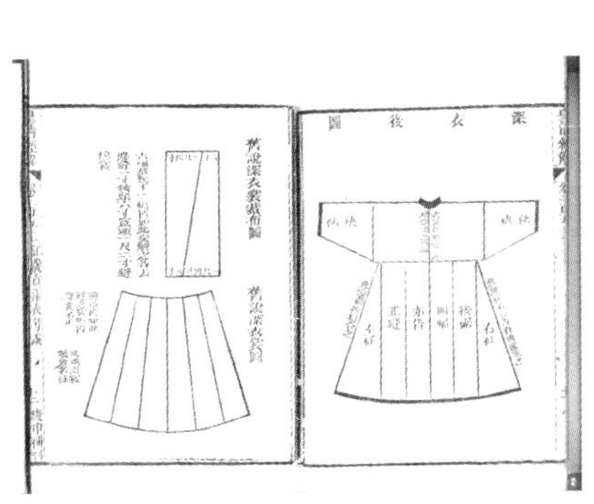

图9.87 清 江永《深衣考误》中的深衣裁制图

图9.88 着深衣示意 孙异 提供

②“袍”

右是“袍”的古文字形及其流变。

可以很明显地看出，“袍”由“衣”和“包”字构成，至今未变。

而“包”的古文字形，就是一个未成形的胎儿（“巳”）被胎衣包裹的象形。本义就是包孕，是“胞”的初文。后来引申出“包裹”“包含”“具有”“承担”“担保”等意思。我们现在常说的“书包”“皮包”“包罗万象”“包打天下”“兼容并包”“包您满意”等都由此而来。

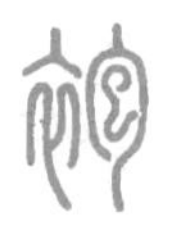

袍 小篆 说文

袍 隶书 西汉 张家山汉简

袍 楷书 唐 柳公权

袍 行书 南宋 陆游

袍 草书 明 文徵明

图 9.89

包 金文 西周 牧簋

包 小篆 说文

包 隶书 东汉 熹平石经

包 楷书 唐 欧阳询

包 行书 北宋 苏轼

包 草书 明 张弼

图 9.90

因此，“衣”加上一个表示胎衣、包裹的“包”，组成“袍”，自然就有了贴身内衣、包裹身体之长衣的含义。所以，“袍”最初就是指贴身内衣，后来开始指夹层絮棉的长衣，最后成为有襟长衣的统称。

着仿明赐服飞鱼服示意 @听风 提供

图 9.91

“袍”指代有襟长衣后，既可遮蔽上下体、穿着便捷，且礼制较为齐备，所以无论贵贱、男女、老少皆可穿着，功能性极强，流行广泛、形式多样：有龙袍、官袍，有战袍、道袍，有表材质的锦袍、棉袍，还有经过改良的旗袍，更或是如今我们还在使用的浴袍，等等。

一些比较有名的典故，如管宁、华歆的“割袍断义”，赵匡胤的“黄袍加身”，《三国演义》的“割须弃袍”都与袍有关。

相关文学作品也有很多，有李白的“手持锦袍覆我身，我醉横眠枕其股”；有刘长卿的“青袍今已误儒生”；还有我们都熟知的《木兰辞》中的“开我东阁门，坐我西阁床，脱我战时袍，着我旧时裳。当窗理云鬓，对镜帖花黄”；更或是嘉靖帝朱厚熜征安南时送给明军主帅毛伯温的七律：

大将南征胆气豪，腰横秋水雁翎刀。

风吹鼍鼓山河动，电闪旌旗日月高。

天上麒麟原有种，穴中蝼蚁岂能逃。

太平待诏归来日，朕与先生解战袍。

当然，最有名的还是《诗经·秦风·无衣》的名句：“岂曰无衣？与子同袍。”因此，“同袍”本是夫妻、兄弟、战友、同僚的代称，但在当代汉服运动中，又开始变成汉服运动的参与者的互称，被赋予了全新的意义。

（6）禅、複

“禅”即“禅衣”。“禅”字由一个“衣”字和一个表示单层的“单”字组成，本义就是指单层的衣服，单衣。所以郑玄说“有衣裳而无里（裹）”，这里的“里（裹）”指的就是衣服的内层。

图 9.92　素纱单衣 马王堆出土 湖南博物院藏

禅　小篆 说文

图 9.93

单　甲骨文 合集 3051、合集 3051b

单　金文 商 单父丁斝

单　金文 西周 单子白盘

单　小篆 说文

单　隶书 东汉 衡方碑

单　楷书 东晋 王羲之

单　行书 明 王铎

单　草书 元 赵孟頫

图 9.94

複　简帛 战国 睡虎地秦简·日书甲种 117 背

複　小篆 说文

複　楷书 唐 五经文字

图 9.95

因此《释名·释衣服》也说："有里曰複，无里（裏）曰禅。"一个"衣"字加上一个表示重复的"复"字，就是"複"字，本义就是夹衣，也称为复衣。所以《说文》讲："複，重衣皃（貌）。"[①] 由于是夹衣，所以也用来表示装有棉絮的夹衣，后来也引申出"有夹层的""重复""繁杂"等意思。

复　甲骨文　合集 0869

复　金文 西周晚期 集成 4466

复　小篆 说文

图 9.96

① "复"为"復""複"的初文，《说文》讲："复，行故道也。"表示往返、来回、再、又等意思，后来基本被"復""複"替代，不单独使用。简化字推行后，用"复"替代"復""複"。

（7）衫、袄（襖）、襦

衫、袄、襦的内涵几经变化，所以要合起来讲。

先说“衫”字，“衫”从“衣”，“彡”声。

《释名·释衣服》讲：“衫，芟也，芟末无袖端也。”这里的“芟”本义是除草，引申出删除等义，所以毕沅疏证：“盖短袖无袪之衣。”可见其是指短袖的没有袖口的衣服。

图9.97

而据五代马缟《中华古今注·布衫》记载：“三皇及周末庶人，服短褐襦，服深衣。秦始皇以布开胯，名曰衫。”所以“衫”也指无袖头的开衩上衣，且多为单衣，亦有夹衣。

图9.98 着衫示意 @绿珠儿 提供

后来词义发生变化，如《方言》卷四“或谓之禅襦”，晋郭璞注为“今或呼衫为禅襦”，可见已经指代单衣。

再到后世，“衫”的含义进一步扩大，成为衣服的通称。

比如白居易的名篇《琵琶行》中“座中泣下谁最多？江州司马青衫湿”，《卖炭翁》中“黄衣使者白衫儿”，还有韦庄《菩萨蛮》的名句“当时年少春衫薄，骑马倚斜桥，满楼红袖招”，这些诗词中的“衫”具体指什么，恐怕只有作者知道了。

再说“袄（襖）”，“袄（襖）”字从“衣”，“奥”声。

襖 小篆 说文 新附

图 9.99

《说文》并未收录“袄（襖）”字，但《说文新附》讲：“袄裘属。”可见古人对其的定义为皮衣类的御寒服饰。后来也指有衬里的上衣，即复衣、夹衣。对此王力先生进行了补充，称其为“短于袍而长于襦”。后来“袄”也泛指上衣。直到今天，我们很多地区还常用“袄儿”来指代上衣。

所以，虽然词义多有变化，但“袄”一般应指带衬里的上衣。

最后就是“襦”。

从字形上看，“襦”字从“衣”，“需”声。

襦 小篆 说文

襦 楷书 唐 五经文字

襦 行书 北宋 苏轼

图 9.100

就目前看来，“襦”字不见于甲骨文、金文，但《说文》讲：“襦，短衣也。从衣，需声。”可见其本义就是短上衣。

而据段玉裁《说文解字注》“襦，若今袄之短者”，《急就篇》“袍襦表里曲领裙”，颜师古注“长衣曰袍，下至足跗；短衣曰襦，自膝以上。一曰短而施要者曰襦”和《释名》中“反闭襦”“禅襦”“要襦”的分类可知，“襦”品类较多，有单层也有夹层，但基本特点依然是《说文》讲的“短衣”。

当然，“襦”字除了表示短衣，还用来表示小孩子用的“涎衣”（围嘴），同时通“繻”，表示细密的罗。

两汉乐府诗《陌上桑》，就曾用“缃绮为下裙，紫绮为上襦”描述秦罗敷的衣；无独有偶，在与《陌上桑》同为一时双璧的乐府诗《羽林郎》中，也曾用“长裾连理带，广袖合欢襦”来描写胡姬的衣着。而罗敷与胡姬的故事，又同为反抗强者的霸凌，可谓巧合。

（8）“蓑（衰）”衣

“蓑”就是蓑衣。“蓑”字的初文是“衰”，我们看看“衰”的上古字形。

它象的就是草编织的蓑衣之形，本义就是草编的蓑衣、雨衣。

后来的字形又加了表意的“衣”部，基本面貌从此固定下来。

不过，由于“衰”字在后来的使用中常常被借去表示衰弱、衰减，只好在“衰”字的基础上加了“艹”另造“蓑”字，以表示其蓑衣、雨衣的本义。

图9.101　蓑衣

衰　金文 春秋 庚壶

衰　简帛 战国 上博楚竹书一·孔子诗论 8

衰　简帛 战国　睡虎地秦简·为吏之道 33

衰　小篆 说文

衰　隶书 东汉 史晨碑

衰　楷书 唐 欧阳询

衰　行书 北宋 苏轼

衰　草书 明 王宠

图9.102

蓑　行书 北宋 苏轼

蓑　草书 清 何绍基

图9.103

由于蓑衣作为雨衣的独特功能，不仅便于劳动人民日常穿着，还被传统士大夫所喜爱，逐步成为“隐士”的外部符号，出现在各类文学作品中，比如下面三首，均足堪千古名篇。

渔歌子

唐 张志和

西塞山前白鹭飞，桃花流水鳜鱼肥。

青箬笠，绿蓑衣，斜风细雨不须归。

江雪

唐 柳宗元

千山鸟飞绝，万径人踪灭。

孤舟蓑笠翁，独钓寒江雪。

定风波·莫听穿林打叶声

宋 苏轼

莫听穿林打叶声，

何妨吟啸且徐行。

竹杖芒鞋轻胜马，

谁怕？

一蓑烟雨任平生。

料峭春风吹酒醒，

微冷，

山头斜照却相迎。

回首向来萧瑟处，

归去，

也无风雨也无晴。

（9）战“甲”

《广雅·释器》讲“甲，铠也”，这与我们今天相同，指的就是披在身上用于作战的铠甲。

右是“甲”字的上古字形及其流变。

由于十（甲）字在商朝时就已经表示天干，因此其造字本义历来众说纷纭。

许慎《说文》讲：“甲，东方之孟，阳气萌动，从木，戴孚甲之象。”它象的是种子的外壳破裂生长之形，指种子的外壳。

郭沫若先生认为是鱼鳞之象形。

甲　甲骨文　甲骨文编0000、殷墟书契前编3·22·4

甲　金文 商 集成2432

甲　小篆 说文

甲　金文 西周 集成4206、集成2824

甲　隶书 东汉 乙瑛碑

甲　金文 战国 集成12108

甲　楷书 东晋 王羲之

甲　战国　新蔡简·甲三·119

甲　行书 北宋 苏轼

甲 战国 睡虎地秦简·效律14

甲　草书 当代 毛泽东

图9.104

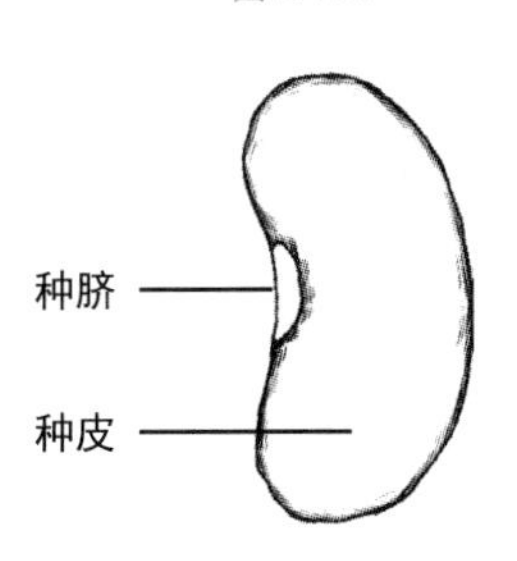

图9.105

林义光先生认为，甲者皮开裂也，十象其裂文。其可以指地皮开裂，也可以指草木种子皮开裂。

于省吾先生认为，其象头戴盔甲之形，这与商代 [耒耒] 簋中的氏族徽号 相印证，在这个字形中，武士一手持戈，一手持盾，头戴盔甲，而这个盔甲确实是 或者 的形状[1]。

不管是哪种观点，甲除了表示天干，在很早就已经表示坚硬的外皮、外壳了。

比如《周易》说“解”卦时就讲：“天地解而雷雨作，雷雨作而百果草木皆甲坼。”这里的“甲”就是指种子的外皮。

《山海经》讲：“有兽焉，其状如犬，虎爪有甲，其名曰獜。”

而且，其很早也表示作战用的铠甲、甲衣了。比如：《左传·宣公二年》就有“于思（sāi）于思，弃甲复来”的句子。

关于“甲”的诗句很多，比如我们比较熟悉的岑参《走马川行奉送出师西征》中的“将军金甲夜不脱，半夜军行戈相拨”；还有王昌龄的《从军行七首·其四》：

青海长云暗雪山，孤城遥望玉门关。
黄沙百战穿金甲，不破楼兰终不还。

当然，最震撼的，当数五代花蕊夫人的《述国亡诗》：

君王城上竖降旗，
妾在深宫那得知？
十四万人齐解甲，
更无一个是男儿！

① “甲”的甲骨文含框字形，一般认为是殷商先公上甲，在此不讨论。

3. 足部

和衣服一样，最早的鞋已不可考，但推测应为兽皮或草藤所制。原始人类出于防刺防割、抵御风寒等生产生活需要，必然发明保护足部的衣物。

就当前考古发现来看，依据周口2008年出土的智人趾骨已经变纤细的状态推测，古人应在4.2万年前开始穿鞋；5000年前的仰韶文化时期，就出现了经过缝制的兽皮鞋；在新疆若羌小河墓地也出土了约3800年前的羊皮靴；特别是殷墟大理石圆雕人像穿着的翘尖鞋，平底、高帮、圆口，呈现挺括、结实的状态，推测应为皮革所制的“鞮”。

《说文》讲：“鞮，革履也。从革，是声。”本义就是皮制的鞋。

鞮　战文编

鞮　小篆 说文

鞮　楷书 元 赵孟頫

鞮　行书 明 王铎

鞮　草书 元 邓文原

图9.106

当然，关于表示鞋名的字，除了"鞮"，还有"履""屦""屐""舄""鞋""靴"等。

（1）统称履、屦

先讲"履"。

这是"履"的金文字形：

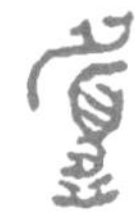

图 9.107　履　金文 西周 五祀卫鼎

由三部分组成，分别是"页""止"和"舟"。其中：

"页"表示突出眉目头部的人形

"止"表示人的脚掌

"舟"表示鞋子

图 9.108

合起来就是一个眉目分明的人，下加突出脚掌的"止"，突出的就是用脚踩踏之义，"舟"用来表示鞋子，古人认为鞋子像一条船，全字象人穿着鞋子踩踏之形。

所以《说文》讲"履，足所依也"，又讲"舟象履形"。因此"履"本义是穿着鞋子踩踏，也表示鞋子，后来成为一切鞋子的总名。

同时也引申出施行、经历等意思，

图 9.109　鞮

页　金文 西周中期 集成 4327

止　甲骨文　　金文

舟　金文 商 集成 6474

图 9.110

履　金文 西周 五祀卫鼎

履　简帛 战国 睡虎地秦简·日甲79背

履　小篆 说文

履　隶书 东汉 甘陵相尚博碑

履　楷书 唐 颜真卿

履　行书 北宋 欧阳修

履　草书 元 赵孟頫

图 9.111

我们现在常讲的“西装革履”“履带”“履行”“履历”“履任”“如履平地”“履险如夷”，以及一些著名的典故如“郑人买履”“削足适履”，俗语“瓜田不纳履，李下不整冠”，等等，都由此而来。

《周易》中有上乾下兑的“履”卦，表示行动有理有节，充满敬畏才是真正的刚健。

还有《诗经·小雅·小旻》的“战战兢兢，如临深渊，如履薄冰”。

汉乐府《孔雀东南飞》的“足下蹑丝履，头上玳瑁光”。

当然，还有贾谊《过秦论》中的名句：“及至始皇，奋六世之余烈，振长策而御宇内，吞二周而亡诸侯，履至尊而制六合，执敲扑而鞭笞天下，威振四海。”

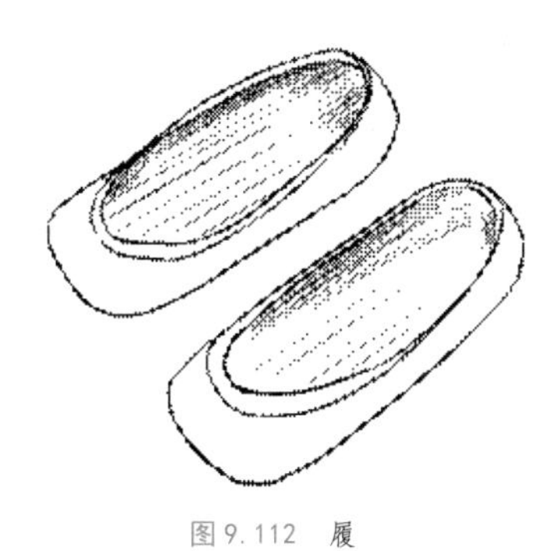

图 9.112 履

再说“屦”。

“屦”作为鞋的总名要早于“履”。东晋蔡谟就曾说“今时所谓履者，自汉以前皆名屦”，《易》、《诗》“春秋三传”、“三礼”、《孟子》皆用“屦”，而提到“履”字，则用于践踏之义。及至先秦诸子，才开始用履表示鞋的意思。

比如《诗经·小雅·大东》讲：“纠纠葛屦，可以履霜？”意思就是葛麻做的鞋子，怎么能踩在霜雪之上？

《诗经·齐风·南山》中有“葛屦五两”。

但是，目前缺乏“屦”的早期字形，就睡虎地秦简和小篆来看，“屦”字由表示鞋与践踏的“履”省形和表音的“娄”组成。所以《说文》讲：“屦，履也。从履省，娄声。”

屦　简帛 战国晚期 睡虎地秦简·日甲57背

屦　小篆 说文

屦　楷书 唐 五经文字

屦　行书 北宋 米芾

屦　草书 南宋 陆游

图9.113

（2）木屐

“屐”，就是木屐。“屐”字由“履”的省形和“支”构成，其中“履”表鞋义，“支”表音。

木屐发源于中国，目前发现的最早的木屐实物出土于良渚文化宁波慈湖遗址，距今5300余年。

屐　小篆 说文

屐　楷书 明 文徵明

屐　行书 唐 李邕

屐　草书 明 王宠

图9.114

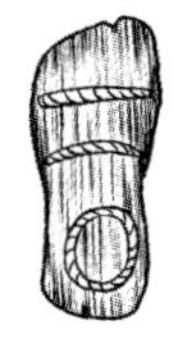
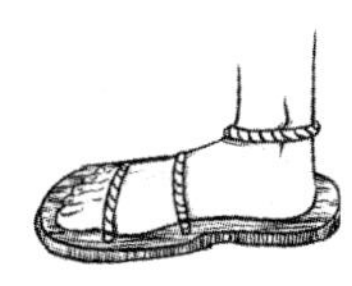

图9.115　良渚木屐穿法示意图

“履”在典籍中也比比皆是，比如《庄子》就记载了晋文公将介子推被烧死时所抱之树木制作成木屐，并悲号“足下、足下”的故事；《论语隐义注》记载了孔子木屐被偷的逸事；东汉应劭在《风俗通义·佚文·服妖》中就讲“延熹中，京都长者，皆着木屐”；甚至妇女出嫁也以木屐作为陪嫁物品，用五彩丝制作木屐表面，还以图案修饰，可见其流行程度。

《晋书·五行志》更是有“初作屐者，妇人头圆，男子头方”的记载。

另外，据《晋书·谢安传》记载，淝水之战时，宰相谢安担任统帅，侄子谢玄获胜的消息传来时，谢安正在与人下棋，为体现沉稳的大将风度，谢安不为所动，直至对弈结束，再也难以按捺激动喜悦之情，回屋过门槛居然磕到木屐，以至屐脚折断，这就是成语“屐齿之折”的来历。

谢灵运还曾将木屐进行改良，改造成登山时穿的一种活齿木鞋：鞋底安有两个木齿，上山去其前齿，下山去其后齿，便于走山路。后来便有了李白“脚著谢公屐，身登青云梯”的名句。

（3）鞋（鞵）、靴（鞾）

“鞋”字本作“鞵”，从“革”，“奚”声，既然是“革”部，最初应为皮制。

因此《说文》讲“鞵，生革鞮也”，徐锴《说文系传》说“今俗作鞋”，可见在南唐已普遍用“鞋”字形。所以《广韵》讲“鞋，履也”，后来才作为鞋类的总名。

鞋　小篆 说文

鞋　楷书 唐 颜真卿 明 文徵明

鞋　行书 北宋 苏轼 明 唐寅

图 9.116

比如北齐颜之推就曾在《颜氏家训·治家》中讲“麻鞋一屋，弊衣数库”。

再如南唐后主李煜曾在《菩萨蛮》中描写了女子提鞋与情人幽会的场景：

> 花明月暗笼轻雾，今宵好向郎边去。刬袜步香阶，手提金缕鞋。画堂南畔见，一向偎人颤。奴为出来难，教君恣意怜。

再说“靴（鞾）”字。

“靴（鞾）”字《说文》并未收录。但同样是汉朝的《释名》讲“鞾，跨也，两足各以一跨骑也。本胡服，赵武灵王服之”，认为“鞾”为胡服，赵武灵王胡服骑射后才开始穿靴。

所以后来，北宋徐铉校订《说文》，将“鞾”作为新附字纳入，讲“鞾，鞮属。从革，华声”，本义就是皮靴。

靴　说文新附

靴　楷书 唐 颜真卿

靴　行书 元 赵孟頫

图 9.117

及至唐朝，靴愈趋流行，穿着开始日常化。高力士为李白脱靴的故事，不仅彰显着李白的狂放不羁，也将靴锚定在了历史上。比较有名的诗句有李贺的“角暖盘弓易，靴长上马难”；还有白居易的《东城晚归》：

图 9.118　靴

一条邛杖悬龟榼，
双角吴童控马衔。
晚入东城谁识我，
短靴低帽白蕉衫。

4. 其他部分

（1）带、钩

“带”就是衣带，古文字象衣带之形，上下两端象带边的丝绪，中间是表示丝线的“幺”，象丝带交织之形。本义是腰带，引申为佩带、佩戴。如果按照衣服“携带劳动工具起源说”的观点，“带”可能是最早的衣服。

同时，由于早期中华服饰不设纽扣，上衣交领时需要用一根带把衣服束好，所以“带”就显得尤为重要。

商周时期，贵族使用的衣带已经有“革带”与“大带”之分，其中“大带”为布帛制作，用以束衣；“革带”为皮革所

带　甲骨文 合集3285

带　金文 商 集成9894

带　简帛 战国 睡虎地秦简·日书乙种15

带　小篆 说文

带　隶书 东汉 孔彪碑

带　楷书 北宋 欧阳修

带　行书 东晋 王羲之

带　草书 明 徐渭

图9.119

制，也称为“鞶”[①]，用以佩挂玉饰等物。不晚于西周末期，华夏发明带钩，并开始在皮革腰带上使用，最初称为“钩”。[②]

“钩”的早期字形是“鉤”，由表示金属的“金”字和表示勾连形态的“句”组成，本义就是钩子。

而“句”则由“丩”和“口”组成，会的就是对两条曲线相勾连形态（丩）（jiū）的描述（口）之意，本义就是勾连。因此“句”常常被用来表示钩子

钩　简帛 战国 郭店楚简·语丛四 8

钩　小篆 说文

钩　隶书 东汉 史晨碑

钩　楷书 东晋 王羲之

钩　行书 明 宋克

钩　草书 明 王宠

图 9.120

勾　楷书 北魏 龙门二十品

勾　行书 明 唐寅

勾　草书 北宋 蔡襄

图 9.121

句　甲骨文 殷墟书契前编 8·4·8

句　金文 西周 執乍且癸觚

句　金文 西周 集成 9726

句　简帛 战国 上博楚竹书二·容成氏 28

句　小篆 说文

句　楷书 唐 颜真卿

句　行书 北宋 黄庭坚

句　草书 明 祝允明

图 9.122

①《说文》讲“鞶，大带也”，但朱骏声《说文通训定声》讲“带有二：大带以束衣，用素若丝；革带以佩玉，用韦，字从革，当以革带为正”。

② 引自马冬教授《革带春秋——中国古代皮革腰带发展略论》。

形状的器具，同时，由于语文中的“句子”本身就是语言文字相互勾连的产物，所以“句”也表示语句。

后来，表示钩状器物的“句”加上“金”字成为“鉤（钩）”字。

在“句”字广泛表示语句之后，只好另造“勾”字表示其勾连的本义。《史记》记载，春秋时期，管仲箭射齐国公子小白（后来的齐桓公），射中的就是小白的带钩。而这也是“带”“钩”连用的初例。

及至唐代初年，朝廷借鉴北方服饰，规定官员束蹀躞带，蹀躞带随之流行天下。由于解衣先解带，所以衣带往往被赋予亲密关系的象征，如用“合欢带”表示爱情，用“裙带”表示与妻子和其他女性亲属的关系，等等。

相关文学作品不少，比如宋朝林逋的《相思令》：

吴山青，越山青，两岸青山相送迎，谁知离别情？
君泪盈，妾泪盈，罗带同心结未成，江边潮已平。

图 9.123　带钩

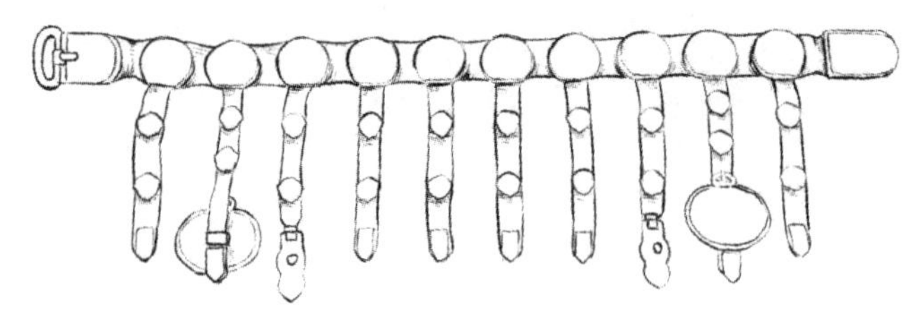

图 9.124　蹀躞带

还有柳永的《蝶恋花》：

伫倚危楼风细细，望极春愁，黯黯生天际。
草色烟光残照里，无言谁会凭阑意。
拟把疏狂图一醉，对酒当歌，强乐还无味。
衣带渐宽终不悔，为伊消得人憔悴。

（2）佩、鞶

这是“佩”的金文字形，由“人”“巾”“凡”三部分组成：

图9.125 佩 金文 西周 颂鼎

这是“凡”字的早期字形，象的就是盘子侧立的形态，其中左侧短竖像盘子的底座，右侧的曲线像盘子的口沿，本义就是盘子，是“般”“盤（盘）”[①]的本字，同时也有旋转、盘旋之义。后来因旋转、盘旋逐步引申出“概括”“平常”“世俗”等意思。

凡 甲骨文 合集33568

凡 简帛 战国 睡虎地秦简·语书9

凡 金文 西周 小盂鼎

凡 小篆 说文

图9.126

① 从木字形“槃”不表。

我们现在常说的“大凡”“凡是”就是表概括；“不同凡响”“气势非凡”就是表平常；“凡人”“凡尘”就是表世俗。

由于“凡”被借去表概括、平常等义，所以只好加“攴”（表动作）另造“般”字，表示其旋转、盘旋之义：

般　甲骨文　合集8173

般　金文 商 作册般甗

图9.127

同时在“般”的基础上加“皿”（表器皿），成为“盘”字，表示其盘子的本义。

图9.128　盘　金文 西周　集成10127

只是后来这些字形发生讹变，“般”和“盘”中的“凡”变成了“舟”：

图9.129　般　小篆 说文

图9.130　盘　小篆 说文

因此，如果一个表示盘旋的“般”加上一个表示皮革的“革”，就组成了表示革带的“鞶”字：

鞶　小篆 说文

鞶　楷书 北魏 元瑛墓志

鞶　行书 隋唐 虞世南

图9.131

因此，表示革带的“鞶”省（凡），加上一个“人”和一个表示市的“市”省（巾），构成“佩”字，象的就是人佩市之形，本义就是佩戴。[1]

佩　金文 西周 颂鼎

图 9.132

后来引申出“玉佩”“钦佩”“敬仰”“环绕”等意思。

我们现在常说的“龙形佩”“敬佩”“感佩”等，都由此而来。

佩　简帛 战国 睡虎地秦简·日甲 146

佩　小篆 说文

佩　隶书 东汉 郭泰碑

佩　楷书 唐 欧阳询

佩　行书 元 赵孟頫

佩　草书 明 王守仁

图 9.133

① 有观点认为“佩”从人、从巾、从凡，象人佩巾之形，备之。同时，又有观点认为“凡”为人的肛门，“佩”（[illegible]）为人屁股后的佩巾，用以蔽后之形，前为“市”，后为“佩”，可备一说。

（四）衣服基本部位名

1. 表

“表”就是“表面”“外表”，也指外衣和衣服的外部。

由“表”字的早期字形可知，“表”字由一个“衣”字和一个“毛”字组成，本义就是外衣。

表　简帛 战国 包山楚简 2·262

表　简帛 战国 睡虎地秦简·为吏之道 3

表　小篆 说文

表　隶书 三国 王基断碑

表　楷书 唐 欧阳询

表　行书 元 赵孟頫

表　草书 明 文徵明

图 9.134

所以《说文》讲："表，上衣也。从衣，从毛。古者衣裘，以毛为表。"之前我们讲"衣"和"裘"字时，就曾讲过，上古时期，我们的华夏先民穿着兽皮衣，皮毛朝外，所以"衣""裘"二字同源。

因此，"表"的本义就是外衣，后来引申出"外面""外表""标记""表明""表示""述说"等意思。

我们现在常说的"表皮""表面积""表里山河""一表人才""列表""代表""表述""表白""表达""华表"等，都由此而来。

毛　金文 西周 毛公鼎

毛　金文 西周 盂簋

毛　简帛 战国 包山楚简 37

毛　小篆 说文

毛　隶书 东汉 孔彪碑

毛　楷书 元 赵孟頫

毛　行书 南宋 陆游

毛　草书 唐 怀素

图 9.135

2. 里（裹）

与“表”相对的，就是“里（裹）”。“裹”[①] 通常指衣服的内层和内部。

右是“裹”的早期字形及其流变。

由字形可知，“裹”由一个表意的“衣”字和一个表音的“里”字组成。

而“里”字又由一个“田”和一个“土”组成，会田土可居之意，所以《说文》讲“里，居也”，人们“恃田而食，恃土而居”，本义是人所聚集居住的地方。我们常讲的“乡里”“邻里”等都由此而来。

而“裹”的本义则是指衣服的内层，后来又引申为“在内”或者“在中”，与“表”“外”相对。

我们现在常讲的“表里不一”“里边”“里面”“绵里藏针”“雾里看花”“皮里阳秋”“互为表里”等都由此而来。

裹　金文 西周 吴方彝盖

裹　金文 西周 牧簋

裹　小篆 说文

裹　楷书 唐 钟绍京

裹　行书 北宋 黄庭坚

裹　行书 明 沈周

裹　草书 明 王铎

图 9.136

里　金文 西周 集成 2816

里　金文 西周 集成 4235

里　简帛 战国 清华简二·系年 3

里　小篆 说文

里　隶书 东汉 曹全碑

里　楷书 北魏 寇凭墓志

里　行书 北宋 苏轼

里　草书 唐 孙过庭

图 9.137

---

① 简化前，“裹”与“里”不同字，本文说的就是“裹”。

3. 领

“领”就是衣领。“领”字由“令”和“页”组成。

之前我们讲过，“页”的甲骨文、金文字形由一个表示头部的“首”和一个表示跪坐人形的“卩”组成，就像一个跪坐的人并突出其头部的样子。

领　简帛 战国 睡虎地秦简·封22

领　小篆 说文

领　隶书 东汉 乙瑛碑

领　楷书 唐 颜真卿

领　行书 明 文徵明

领　草书 明 王守仁

图 9.138

页　甲骨文 合集1092

页　金文 西周 卯簋盖

页　简帛 战国 仰天湖楚简

页　小篆 说文

页　隶书 东汉 曹全碑

页　楷书 北魏 寇凭墓志

页　行书 东晋 王羲之

图 9.139

因此，“页”的本义就是“头部”，所以《说文》讲“页，头也”。所以汉字中含“页”的字大多与头部相关。比如头（頭）部的“头（頭）”、头颅的“颅”、头顶的“顶”、颈部的“颈”、项背的“项”、下颌的“颌”、胡须的“须”、颜值的“颜”、两颊的“颊”等。

当然，“领”字也不例外，一个表意的“页”，加上一个表音的“令”，就是“领”字，本义就是脖子。所以《诗经·卫风·硕人》讲“肤如凝脂，领如蝤蛴，齿如瓠犀，螓首蛾眉，巧笑倩兮，美目盼兮”，就是说美女的脖子像蝤蛴一样光滑柔腻。

后来“领”字逐步引申出“靠近脖子的衣领”“统率”“管理”“要领”“领会”“带领”“接受”等意思。

我们今天说的“红领巾”“领带”“领袖”“首领”“领导”“将领”“领先”“领空”“领悟”“提纲挈领”“心领神会”等，都由此而来。

令　甲骨文 合集0332

令　金文 西周 盂爵

令　简帛 战国 睡虎地秦简·效律17

令　小篆 说文

令　隶书 东汉 曹全碑

令　楷书 唐 欧阳询

令　行楷 北宋 苏轼

令　草书 唐 孙过庭

图9.140

4. 袖、袂

“袖”就是指衣袖。古字为“褎”，由表意的“衣”和表音的“采（穗）”组成，本义就是衣袖。后来字形改为由表意的“衣”和表音的“由”组成的“袖”，直到今天。

当然也有观点表示，“采”有抽出之义，“由”也有“手之由出入也”，所以无论是“褎”还是后来的“袖”字都兼会意，表衣袖之义。后来也引申出便于藏匿在袖中的小巧之义。古人说的“长袖善舞，多钱善贾”，我们现在常见的“袖珍”“袖箭”“袖手旁观”等，都由此而来。

褎　小篆 说文

图 9. 141

袖　小篆 说文

袖　楷书 东晋 王献之

袖　行书 北宋 米芾

袖　草书 明 王铎

图 9. 142

由　甲骨文 合集 0732

由　金文 西周 集成 5769

由　简帛 战国 上博楚竹书一·缁衣 15

由　小篆 说文

由　隶书 东汉 石门颂

由　楷书 北魏 龙门二十品

由　行书 元 赵孟頫

由　草书 唐 孙过庭

图 9. 143

表示衣袖的，还有“袂”字。“袂”字由一个表意的“衣”字与一个表音的“夬”字组成。

当然，“袂”字中的“夬”字符也不能排除表意功能，《说文》讲“夬，分决也，象决形”，“决”“玦”“缺”，都有打开缺口之义。而“袂”为“衣”的缺口，可供手臂出入，亦有可能。

典籍中用“袂”的地方有很多，比如《左传·哀公十六年》说“子西以袂掩面而死”；《晏子春秋·杂下九》“张袂成阴，挥汗成雨”；最有名的应该是白居易《长恨歌》（节选）：

云鬓半偏新睡觉，花冠不整下堂来。
风吹仙袂飘飖举，犹似霓裳羽衣舞。
玉容寂寞泪阑干，梨花一枝春带雨。
含情凝睇谢君王，一别音容两渺茫。

我们今天最常用的，就是影视和综艺里常见的“联袂主演”“联袂出席”等。

袂 小篆 说文

袂 隶书 西汉 北大简

袂 楷书 唐 裴休

袂 行书 元 赵孟頫

袂 草书 明 王宠

夬 简帛 战国 上博楚竹书三·周易 38

夬 小篆 说文

图 9.144

虽然“袖”和“袂”都表示衣袖，但在《说文》中，以“袂”为正体，而“袖”作为“褎”的或体俗字，所以一般认为“袂”早于“袖”。但到唐朝后，除了少数典籍和成语，民间已经很少用“袂”，基本都用“袖”了。

祛 小篆 说文

祛 隶书 东汉 郭有道碑

祛 楷书 唐 九经字样

图 9.145

当然，表示衣袖的字，除了“袂”“袖”，还有“祛”。“祛”字由表音的“衣”和表意的“去”组成，本义也是泛指衣袖，但更多是表示“袖口”。比如孔颖达就讲：“袂是袖之大名，祛是袖头之小称。”郑玄也说：“祛，谓褎缘袂口也。”

后来，“祛”也引申出“举”“撩起”等义，用“撸起袖子加油干”来理解，就比较形象了。①

①《诗经·唐风·羔裘》中说“羔裘豹祛，自我人居居”，孔颖达疏：“袂是袖之大名，祛是袖头之小称。其通皆为袂。”《礼记·檀弓上》称“鹿裘衡长祛”，郑玄注：“祛，谓褎缘袂口也。”

5. 衿（襟、衿）、衽、裾

衿、襟、衿、衽、裾需要一起讲。

《说文》讲“衽，衣衿也”，又说“衿，交衽也”，可见“衽”就是“衿”，都表示交领。

后来，“衿”易“金”声为“禁”声，以“襟”代“衿”，而后人们又改为“今”声，新造“襟”的异体“衿”字，均表示交领。只是再后，二字逐渐分化，“襟”专指衣襟，而“衿”专指衣领。

比如我们熟知的杜甫的《蜀相》中“出师未捷身先死，长使英雄泪满襟”的“襟”，指的就是衣的前襟。

衿　小篆 说文

襟　隶书 东汉 王舍人碑

襟　楷书 唐 欧阳询

襟　行书 北宋 苏轼

襟　草书 明 祝允明

图 9.146

禁　小篆 说文

禁　隶书 东汉 礼器碑

禁　楷书 唐 钟绍京

禁　行书 北宋 苏轼

禁　草书 明 徐渭

图 9.147

后来又引申出“前面”“胸怀”“地势交会扼要”的意思，比如王勃《滕王阁序》中的“襟三江而带五湖”就是指滕王阁的地势。现在我们常讲的“连襟”“对襟”“大襟”“正襟危坐”“捉襟见肘”“襟怀坦荡”等，都由此而来。

至于“衿”字，我们也很熟悉的《诗经·郑风》中的“青青子衿，悠悠我心”，其中的“青衿”就是青色的衣领，古代学子多着青衿，所以其也成了学子的代称，比如陆游《杂言示子聿》中就有“逢人虽叹种种发，入塾尚忆青青衿”的名句。

衿 楷书 北魏 张猛龙碑

衿 行书 北宋 黄庭坚

衿 草书 十六国 草书韵会

图 9.148

今 小篆 说文

今 隶书 东汉 华山庙碑

今 楷书 唐 柳公权

今 行楷 唐 颜真卿

今 草书 东晋 王羲之

图 9.149

而“衽”的字形则相对固定，由一个表意的“衣”和一个表音的“壬”组成，本义是上衣胸前交领的部分[①]。

当然，“衽”字中的“壬”[②]也不能排除有表意的功能，“壬”字为织机的象形，织机需要经纬相交，所以也表示交会、交合的意思。比如“妊”是怀孕，为男女相合；“任”是职官，为人事相交；“纴”为织布，即经纬相交；“饪”是烹饪，为食物与火相交。因此，“衽”当为衣襟中上衣左右衣领相交的部分。

衽 小篆 说文

衽 隶书 东汉 校官碑

衽 楷书 唐 柳公权

衽 行书 元 赵孟頫

图 9. 150

壬 甲骨文 合集 0000、合集 0000b

壬 金文 商 且壬觚

壬 金文 商 子父壬爵

壬 小篆 说文

壬 隶书 东汉 郭泰碑

壬 楷书 唐 颜真卿

壬 行书 明 文徵明

壬 行草 明 解缙

图 9. 151

① 一般认为“衽”本义为衣襟，如《说文》讲“衽，衣襟也”。但本文认为“衽”为衣襟中交领的部分。

② “壬”字造字本义目前无定论，林义光先生认为：“机持经者也，象形。”

值得一提的是，不仅“衽”在衣前交会之处，与中医学人体正面中线的“任脉”相合，华夏上衣的后背一般也有中缝线，名曰“督”，也与中医学人体背部中脉“督脉”相合。

“督”字从日，叔声，从甲骨文字形看，日边有象阳光普照的小点，整体上象正午时日正中天，烈日当空，阳光普照，本义是正午。《甲骨文合集》33871“督雨”，就是表示正午下雨。“督”字的本义已不见于传世古籍，但“午”也有“阴阳相合”“交午”之义，比如“午时”“端午”。

关于“衽”，最有名的就是孔子的那句“微管仲，吾其被发左衽矣”。可见在周代，华夏族核心区域已形成以“右衽”为显著标志的文化习惯。

而《礼记·丧大记》说“小敛大敛，祭服不倒，皆左衽，结绞不纽”。及至近代，钱玄在《三礼名物通释·衣服·衣裳》中也讲：“常服均右衽，死者之服用左衽，外族亦有左衽者。”可见在华夏礼制即民间风俗中，已经将“左衽”视为死者着衣之法和部分外族使用的方法。

督 甲骨文 合集1143

督 小篆 说文

督 隶书 东汉 礼器碑

督 楷书 北魏 高猛墓志

督 楷书 唐 颜真卿

督 行书 元 赵孟頫

图9.152

另外，表示衣襟的，还有这个“裾”字。

《说文》讲：“裾，衣袍也。从衣，居声。”段玉裁注：“衣之前襟谓之袍。”唐朝李贺的名作《钓鱼诗》“为看烟浦上，楚女泪沾裾”中的“裾”，指的就是前襟。而《尔雅·释器》却说“衱谓之裾”，郭璞注“衣后襟也”。

可见，“裾”可以表示前襟，也可以表示后襟。所以郭沫若在《星空·广寒宫》中讲：“衣色纯白，长袖宽博，裾长曳地。”

也许是因为衣的后襟在下，而前襟上部曰领、曰衿，中部一般也叫襟，前襟的下部也叫裾，所以后来很多人都把衣服的下部边缘称为裾。

更复杂的是，“裾”在后来也用来表示衣服。比如唐代韩愈就曾在《符读书城南》中讲：“人不通古今，马牛而襟裾。”

裾 小篆 说文

裾 楷书 明 文徵明

裾 行书 元 赵孟頫

图 9.153

居 金文 战国 鄂君启车节

居 简帛 战国 上博楚竹书二·容成氏 28

居 小篆 说文

居 隶书 东汉 曹全碑

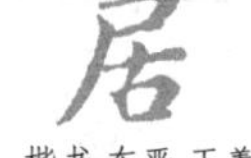

居 楷书 东晋 王羲之

居 行书 北宋 米芾

居 草书 明 文徵明

图 9.154

参考文献

1.《尔雅》
2.《说文解字》许慎
3.《文源》林义光
4.《辞源》商务印书馆
5.《甲骨文合集》郭沫若主编
6.《甲骨文字研究》郭沫若
7.《说文解字注》段玉裁
8.《汉语大字典》徐中舒主编
9.《汉语大词典》罗竹凤主编
10.《王力古汉语字典》王力
11.《甲骨文字典》徐中舒
12.《新甲骨文编》刘钊，洪飏，张新俊
13.《金文编》容庚
14.《汉字源流字典》谷衍奎
15.《故训汇纂》 武汉大学古籍所
16.《古文字诂林》李圃主编
17.《字汇》 梅膺祚
18.《玉篇》 顾野王
19.《训诂与训诂学》陆宗达，王宁
20.《字源》傅东华

21.《说文解字十二讲》万献初讲授 刘会龙撰理

22.《17 万年前，人类穿上了衣服》 唐凤

23.《基于古汉字字源学视角下皮服起源的考辨》李斌，严雅琪，李强，沈劲夫

24.《〈说文解字〉与〈汉语大字典〉糸部字的比较研究》郭乃绮

25.《“糸”部字与古代服色制度文化管窥》 王华锐

26.《论人类衣着材料的演变——以农史为主要视角》 张箭

27.《汉字与纺织文化》李凤琴

28.《基于古汉字字源学的中国远古至先秦时期服装文化》刘安定，杨振宇，叶洪光

29.《〈说文解字〉颜色词疏解》 危丽娟

30.《字书汉字层积及流变状况调查报告——以糸部为例》柳建钰

31.《〈玉篇残卷・糸部〉校证》 张杰

32.《〈说文解字・糸部〉研究》亓新凤

33.《段玉裁汉字研究的量化分析——以〈说文解字注・糸部〉为例》孙启荣，孙瑜

34.《汉代墓室壁画色彩研究》龚晨

35.《试论〈说文解字・糸部〉与丝织文化》牟俞洁

36.《考古发现与“文化探源”之八：人类衣服的起源》田野

37.《〈说文〉衣着类语词命名理据研究》左瑞平

38.《〈广雅疏证〉因声求义研究》 李福言

39.《汉代声训研究》 刘水清

40.《〈说文・糸部〉文化管窥——五色五行与丧服》王鸿清

41.《甲骨文中的“丝”及相关诸字试析》李发，向仲怀

42.《〈玉篇〉疑难字研究》熊加全

43.《〈说文解字〉糸部字构形试析》金华

44.《希麟〈续一切经音义〉引〈说文〉考——以木部、水部、手部、糸部为例》

45.《〈说文〉中服饰类汉字的文化透视》冯丽娟
46.《原本〈玉篇〉避讳字“统”、“纲”发微》苏芃
47.《从颜色字构形看中国传统文化》宁皖平
48.《〈原本玉篇残卷·糸部〉或体研究》申睿
49.《人类何时开始穿衣》陈默
50.《隋前汉语颜色词研究》赵晓驰
51.《〈说文解字〉糸部颜色字的文化探究》常荣
52.《〈说文解字〉与古代手工业》谢娟
53.《人类少毛的三大假说》灵龙
54.《〈说文·糸部〉字探解》王娟
55.《〈说文解字〉糸部与纺织文化》杨永华，羊霞
56.《〈说文解字“糸部”丝绸文化探析》冯盈之
57.《人类的体毛是怎样消失的》马龙
58.《〈说文〉“糸部”颜色词同源发展认知分析》邱道义
59.《汉语“颜色类”核心词研究》龙丹
60.《〈汉语大字典〉糸部字勘误举隅》古敬恒，孙启荣
61.《人类怎样从有毛到没毛》董毅然
62.《人类穿衣已有7万年》
63.《〈说文解字〉中反映出的服饰文化》黄宇鸿
64.《〈说文·糸部〉形声字试探》周楚顺
65.《从〈说文·糸部〉字看中国古代丝织业》邵湘萍
66.《从猿到人的进化与体毛的退化》李清和
67.《人类为什么要穿衣服？》姜幼年
68.《“零浪费”理念下中式十字型平面结构服装创新设计研究》沈易晟
69.《清古典袍服结构与纹章规制研究》刘瑞璞，魏佳儒
70.《“席”的起源变迁与中国古代礼文化》韩秋
71.《“共衣”原始思维模式探析——基于汉字构形角度》卢艺
72.《论织的起源》纪明明

73.《织的定义与溯源》于伟东，纪明明
74.《中国古代染色文化区域体系初探 》赵丰
75.《先秦农艺中的植葛》杨秋萍
76.《中国古代麻葛织物的追溯》廖江波
77.《释“染”》刘刚
78.《术以证道 ：植物染色术对中国传统服饰色彩美学之道的影响》宋炀
79.《中国传统服饰染色技艺传承与色彩复原》赵志军
80.《〈考工记〉里的印染术》肖燕
81.《中国古代染色文化与植物染料研究》孙闻莺
82.《人类何时开始穿鞋？》陈默
83.《中国古代鞋的起源》王功龙，尹研
84.《世界上现存最早的鞋——宁波市慈湖遗址出土木屐鉴赏》涂师平
85.《说“带”》富丽
86.《革带春秋——中国古代皮革腰带发展略论》 马冬
87.《神秘的“玄”》 李燕
88.《“玄”字造字理据的考察与〈老子〉中“玄”的内涵》吴文文
89.《殷周古文同源分化现象探索》 王蕴智
90.《玄幻予的形义》 王玉堂
91.《老子说的“玄”字是串珠形象》黄冠斌
92.《古史零证》 周谷城
93.《“玄”字本意的现代民俗学解读》 吴效群
94.《试析先秦时期皮甲用料“革”的概念及其工艺属性》王煊
95.《欧洲古代皮革鞣制工艺研究》安红，马艺蓉，谢守斌
96.《大麻的分类与毒品大麻》张桂琳，裴盛基，杨崇仁
97.《大麻变脸史》钟伟
98.《毒品大麻的前世今生》江晓原
99.《大麻为啥要被封杀？》史军

100.《无毒大麻——云麻1号》张德玉

101.《夏、商、周蚕桑丝织技术科技成就探测（二）——甲骨文揭开华夏蚕文化的崭新一页》周匡明，刘挺

102.《基于两周秦汉出土文献数据库的“丌(亓)”、“其”关系考论》张再兴

103.《论古代玉簪饰的发展演变》施俊

104.《中国古代笄的设计表现及其发展》胡天霞，孙静，刘春雨

105.《〈说文〉“幵”字校议》范珊珊

106.《说笄》吴爱琴

107.《说衽》王锷

108.《常用词“袂/袖”更替演变考》徐望驾

109.《交领右衽是中国的》张梦玥